故事里的茶文化

一千零一叶

潘城 姚国坤 著

上海文化出版社

图书在版编目(CIP)数据

一千零一叶：故事里的茶文化/潘城，姚国坤著.—上海：上海文化出版社，2017.1（2018.8重印）

ISBN 978－7－5535－0646－3

Ⅰ.①一… Ⅱ.①潘…②姚… Ⅲ.①茶文化－中国 Ⅳ.①TS971.21

中国版本图书馆 CIP 数据核字（2016）第 250982 号

责任编辑 黄慧鸣 王绍政
装帧设计 汤 靖
封面设计 李 洋 陈婧婧 姚双双
责任监制 刘 学

书 名 一千零一叶
作 者 潘 城 姚国坤
出 版 上海世纪出版集团 上海文化出版社
地 址 上海市绍兴路 7 号 200020
发 行 上海文艺出版社发行中心
 上海市绍兴路 50 号 200020 www.ewen.co
印 刷 上海天地海设计印刷有限公司
开 本 890×1240 1/32
印 张 11.5
字 数 254 千
版 次 2017 年 1 月第一版 2018 年 8 月第三次印刷
书 号 ISBN 978－7－5535－0646－3/G.089
定 价 36.00 元

敬告读者 本书如有质量问题请联系印刷厂质量科
电 话 021－64366274

序

人类喜欢听美妙的故事，不分国家、民族、老幼，自古已然，举世如此。无论是大学者还是小说家，无一不是由听故事启蒙的。

茶文化在中国源远流长，若从"神农得茶"的故事算起，几乎与中华文明等长。本书撰著的对象，正是茶文化历史以及各地名茶的传说、典故。通过通俗易懂、引人入胜的故事，将中华五千年茶文化的历史、地理、人文、名品、传播、影响、风貌逐一呈现，探索茶文化中至性至情的典故文化与民俗文化现象，对茶文化的学术研究，特别是茶文学的研究也是一次别开生面的补充。茶文化故事是茶文化事项中的一道风景线，亦是茶文化口口相传的非物质文化遗产。

在这里要指出这部作品的四重价值——

其一，是茶历史的一次另类展示。

本书的上编主要是茶的历史故事，以时间为轴，纵向地展开。故事当然不能等同于历史。但故事是人类对自身历史的一种记忆行为，人们通过多种故事形式，记忆和传播着一定社会的文化传统和价值观念，引导着社会性格的形成。茶的历史故事通过对过去茶事的记忆和讲述，描述出了每个历史时期茶在社会中的文化形态。因此，它对于研究历史上茶文化的传播与分布具有很大作用。

例如"神农尝百草，日遇七十二毒，得茶而解之"的故事，就是一个神话故事。很多人会发问，神话故事怎么能当真呢？怎么能算作茶历史的源头呢？其实，神话故事是人类最早的幻想性口头作品，是人类历史发展童年时期的产物，是文学与历史的先河。"神农得茶"折射的是先民们关于茶与人类之间最初关系的缘起。原始社会的部族领袖和巫医们，为鉴别可吃的食物，亲口尝试，体会百草，发现可以茶解毒，此举既符合当时的社会实际，也有一定的科学根据。关于神农的神话传说故事，反映了中国原始时代从采集、渔猎进步到农业生产阶段的情况。正是在这个故事里，我们找到了茶文化历史源头的宝贵基因。

其二，是茶民俗的一次别样铺陈。

本书的下编，展示了一个幅员辽阔的茶之国度各地的茶叶传说故事。通过不同地域、不同民族、不同环境的人们对各自所产名茶的故事性的叙述，我们看到了一个多姿多彩、光怪陆离的茶叶大国的风貌。

茶俗是风俗的一个支系，而风俗则是指因自然条件不同而形成的风尚和习俗。茶俗作为中国民间风俗的一种，既是中华民族传统文化的积淀，也是人们心态的折射，它以茶事活动为中心贯穿于人们的生活中，并且在传统的基础上不断演变，成为人们文化生活的一部分。

各地名茶涌现出的民间传说故事，都是劳动人民创作并传颂的、具有虚构内容的散文形式的口头茶文学作品。故事讲述某种名茶的神奇由来，讲述人们对茶的热爱，从而表现出了人与人之间、人与茶（自然）之间的种种关系，题材广泛而又充满幻想。比如龙井茶的故事、乌龙茶的故事、大红袍的故事，在不同的区域又流传着不同的版本。这些茶故事从生活本身出发，但又并不局限于实际情况与人们所认为的真实合理的范围之内。它们往往包含着超自然的、异想天开的成分。这些故事题材多样，内容广泛，包括历代名人、帝王将相、诗联趣话、神魔鬼怪、婚丧嫁娶、爱恨情仇等等。对茶俗的研究有很大贡献。

其三，是茶文学的一次创作实验。

故事本身是文学体裁的一种，侧重于对事件过程的描述，其强调情节的生动性和连贯性，较适于口头讲述，又往往带有一定的寓意。中华民族自古就有讲故事的传统，从早期的口头神话传说到《左传》《史记》中的篇章；从魏晋的志人志怪到唐传奇，从宋代茶楼酒肆中的平话到明清小说，中国故事讲了五千年。本书中故事的再创作，无疑是遵循着这一讲故事传统。

中国茶文化中的传说故事浩如烟海，本书故事大致的来源如下：一、古代茶文化典籍中的故事；二、民间口头流传的茶文化传说；三、学者对茶文化历史研究成果的再现。每个故事都不是很长，多则千言，少则数百字。但不同于传统的是，这些茶故事不只是从头到尾的叙述，最后往往加入了作者对故事本身的理解与思考。力求描写茶性与人性，一针见血，加深读者对茶、历史与人生的了解。而全书的结构，又借鉴了阿拉伯故事集《一千零一夜》的大故事中套小故事的手法。

对茶故事的整理与再创作本身，即为茶文学的一个重要组成部分。

其四，是茶文化国际传播的一次经验总结。

书中，所有这些中国茶的故事都是从与外国茶人进行茶文化交流的故事中讲起的。这也寓指着茶的故事是中国茶文化国际传播的最佳载体。

中国文化走向世界，"要讲好中国故事"。茶文化是中国文化飞向世界的一翼翅膀。茶文化的传说故事正是中国故事中最动人的一个组成部分。中国是茶的原产地，茶文化的发祥地，是茶叶大国。选择以茶文化故事作为向国际传播与叙述的角度，进入中华文化的内核，展开中华文化的版图，非常必要和及时。

本书具备了以上四重价值，有深入浅出的文风，生动形象的文学表达，但同样具备了严谨的学术品格。国内外目前对于茶文化传说故事的文章或局部的汇编虽然种类不乏，但将古今中外较为脍炙人口的茶文化传说故事集结一著，纵向贯穿茶历史，横向铺陈各地名茶，尚属独一无二。因此，茶界少壮派学者潘城与泰斗级前辈姚国坤联袂出版这样一部专著，从某种意义上说，是填补了茶文化领域中的空白。是为序。

茅盾文学奖得主　著名茶文化学者　王旭烽

目

一千零一叶

录

故 事 外 的 故 事

关于茶的叙述，学术研究、历史记录、规范教材、小说、散文、随笔、诗歌、图说……林林总总。事实上，对于所有这些对茶的叙述、表达和传播的方式，我所从事的茶文化教育行业无不轻车熟路。但当我面对一位既陌生到语言不通，又有着胜过语言的亲切热忱，博学优雅且迷恋茶的异国女士伊莲娜时，思来想去，恐怕只能为她讲述一个又一个中国茶故事了。

我始终认为，故事是连接过去与未来、此地与彼岸，以及人与人的，最精致、巧妙、神秘的方式。而茶，这被西方人称作"神奇的东方树叶"，被阿赫玛托娃称作"复活之草"的灵物，生来就具备了可供无限故事化的可能。

2014 年 10 月，我作为茶文化学院的一员，抵达塞尔维亚的首都贝尔格莱德，参加从南斯拉夫铁托时代延续至今的"贝尔格莱德国际图书节"。作为主宾国的中国有一个大展区，其中，我为茶文化书籍的展示设计了一个"竹茶书房"的空间。中国茶的魅力果然点亮了整个图书节。被茶吸引来的客人络绎不绝，有塞尔维亚的政要，有各国的大使，有前南斯拉夫的战斗英雄——只有一只手和一条腿却能自如运用相机的新华社特聘记者，有一辈子参加图书节屡获金奖、年近八旬却默默无闻的塞尔维亚书籍装帧和书法艺术大师，有佩戴毛主席像章用塞语写下"毛主席万寿无疆"的塞尔维亚青年……对了，还有一群中国大作家，余华、阿来、麦加、曹文轩、李洱，他们口干舌燥，想念国饮，要王旭烽老师请他们喝茶，没口热茶喝，真是受不了！

在所有这些奇妙的茶客之中，一位以世界语者的身份前来与我们会面的老太太引发了我讲述茶故事的无限热情。这位年近九十的老人保持着老派欧洲贵妇人的端庄与优雅，诚如她所在的国家一样。她是一个落魄的贵族，年轻时富足、华丽，之后阅尽了浮华沧桑。她自有其世故的深情，包藏着坚忍的自矜与要命的犀利，让我想起《瓦尔特保卫萨拉热窝》中美丽的女子或许正是她年轻时的模样。而当她面对我们这些中国人时，真是无限的恬淡、温厚，像一位祖母。

我用世界语向她打招呼时——我只会说"您好"——她仿佛找到了信仰上的同志，握手和欢笑像孩子一样真。

世界语是由波兰籍犹太人柴门霍夫博士于 1887 年在印欧语系基础上创立的一种语言，旨在消除国际交往中的语言障碍，令全世界各个种族、各种肤色的人民都能在同一个人类大家庭里像兄弟姐妹一样和睦共处。全球 150 多个国家和地区都有世界语组织和世界语者。这种语言与茶文化一样有着和平的本质与普世的意义。

我为老人倒了一盏茶，她眼里闪着湿润的光，颤巍巍的从钱夹里取出一枚随身携带的泛黄的旧照，一个大约三五岁的小女孩，穿戴整齐漂亮，正在冲泡"英式下午茶"，一整套下午茶的精美小茶器一应俱全。太可爱了！ 看来这就是这位老太太童年时代玩茶的时光。原来她比我们都爱茶呢!

我们在熙熙攘攘的书展现场喝着茶,无法想象,几个人究竟是如何用四种语言开始讲述茶的故事。

老太太只会塞尔维亚语和世界语,不期而遇走进我们展区的女艺术家伊莲娜会塞尔维亚语和英语,幸而我们还有一位英语一流的女博士闫晶同行。于是,我们边喝茶边讲故事。我把故事讲出来,由我们的女博士用英语翻译给伊莲娜,伊莲娜再用塞尔维亚语翻译给老太太,老太太则用世界语讲给别的世界语者听。

故事由谁讲,讲给谁听,在什么地方讲,以什么方式讲,都大有讲究。而那次在"白色之城"贝尔格莱德讲中国茶故事的经历实属古今罕有。我们既是讲述者,同时又是听众,或许又无时无刻不在进行着再创作。这些凝结着历史、文学、民俗的茶故事一个接一个地被各种语言与文明传递着,大家讲得又疲惫又欣喜,恐怕中国的蒲松龄和阿拉伯的山鲁佐德都没有这样奇妙的讲故事的经历吧!

那次经历之后,为我们翻译的塞尔维亚女博士伊莲娜彻底迷恋上了中国的茶故事。之后她不远万里来到中国,加入我们浙江农林大学茶文化学院任教,就是为了听到更多、更有趣的茶故事。可是我肚子里的茶故事并没有那么多。于是我想起了一位老师,姚国坤先生!

姚国坤老师是当代茶文化界的元老级人物,一位非常可爱的老爷爷,颇有漫画气质,常常戴着一顶红色的八角帽,总是笑容可掬。他精神矍铄,身体倍儿棒,我们年轻人都赶不上他的步伐。姚老师著作等身,风趣幽默,走到哪里都会有好听的故事。因其在学术上的广博与慷慨，常被我们称作是茶界的"哆啦A梦"——你想要知道些什么，他马上就从他的"万能口袋"里给你找出来啦！

20世纪50年代，姚国坤老师曾作为中国首批派往非洲马里支援当地茶叶生产的科学家，有过向非洲同胞大讲中国茶故事的经历。于是，我去请教姚国坤老师，请他把各地名茶的故事一个一个讲出来，果然就越讲越多，故事像茶叶一样一片连着一片，成了"一千零一叶"！

在茶的故事还没有开始前，我已经发现它们有一种把全世界，把人与人，把20世纪50年代与当下，把童年、少年与老年都勾连起来的魔力。好了，此刻，神农、陆羽、苏东坡已经从故事里向我走过来了，我泡上一杯浓浓的香茶，把台灯打开，迫不及待地要把中国茶故事向伊莲娜博士娓娓道来——

故事里的茶史

◎ 上编

神农得茶

传统的故事是这样开始的：很久很久以前，话说盘古开天地，自有神农尝百草，"日遇七十二毒，得荼而解之"。"荼"即"茶"。从此，这茶与华夏民族相生相伴，品饮至今。

在"茶圣"陆羽所著的世界上第一部茶学专著《茶经》的"六之饮"中，陆羽说："茶之为饮，发乎神农氏……"说的是，茶作为一种饮料被人类所用，从神农开始。历代茶文化研究者，一般均以此为据，证实茶与人类的第一次亲密接触，是从距今五千多年前上古时期的神农时代开始的。

神农是三皇之一，所谓三皇，是中国上古社会三位杰出的帝王，具有神性地位的三位神话人物：伏羲、神农、黄帝。神农也被人称为炎帝，也就是今天的炎黄子孙中的那个"炎帝"，在中国的上古传说中，神农亦被视为太阳神。

传说神农出生后，三天能言，五天能走，七天长全牙齿，三岁

炎帝神农

便知种庄稼知识。但据说他相貌长得很丑，牛首人身。成年后他身高八尺七寸，有龙颜大唇，成为传说中的上古部族领袖，因以火德王，亦被称为炎帝。

神农发明了农业工具，教天下人学会了如何种庄稼。他还是医药之祖，因为药茶同源，茶为百药之药，神农便成为人类最早发现茶、利用茶的始祖。关于神农尝百草的神话，流传久远，至今不衰。

神农尝百草而得茶

有一天，神农在采集奇花异草时，尝到一种草叶，顿时口干舌麻，头晕目眩。他放下草药袋，背靠一棵大树斜躺休息。一阵风过，他闻到一股清鲜香气，但不知这清香从何而来。抬头一看，只见树上有几片叶子缓缓落下，他心中好奇，信手拾起一片放入口中慢慢咀嚼，味虽苦涩，但有清香回甘，神农索性嚼而食之，顿觉舌底生津，精神振奋，头晕目眩减轻，口干舌麻渐消。这让他非常奇怪。再拾叶子细看，发现其叶形、叶脉、叶缘，实在是与一般的树叶不同。有心的神农索性又采了些芽叶、花果而归，回家后再试着煮饮，效果果然不凡。神农便将这种树定名为

"茶"，这就是茶的最早发现，也是有关中国饮茶起源最普遍的说法。

又说神农是个玲珑身体，有个水晶肚子，由外可看得见食物在其胃肠中蠕动的情形。有一次他偶然在尝百草时，嚼到了茶叶，竟发现茶在肚内肠中来回擦抚，把肠胃中的毒素洗涤得干干净净，因此神农称这种植物为"擦"，再转成"茶"字，成为"茶"字发音的起源。

还有一种说法：神农尝百草时，随身带着一只能看到五脏六腑、十二经络、帮助他识别药性的獐鼠。一天，獐鼠吃了巴豆，腹泻不止，神农把它放在一棵青叶树下休息，过了一夜，獐鼠奇迹般地康复了，原来是獐鼠吸吮了青树上滴落的露水，解了毒。神农摘下青树的青叶放进嘴里品尝，顿感神志清爽、甘润止渴。于是，神农教人们种了这种青树，它就是现在的茶树。为此，在今天的神农架，民间还留传着这样的茶歌："茶树本是神农栽，朵朵白花叶间开。栽时不畏云和雾，长时不怕风雨来。嫩叶做茶解百毒，每家每户都喜爱。"

还有传说，神农在室外的火炉上烧水的时候，附近一棵灌木丛的叶子落到了水中，并停留了一段时间，神农注意到水中的叶子发出了一种怡人的香气，世界上最受欢迎的饮料——茶，诞生了。

神农得茶的故事折射的是先人们关于茶与人类之间最初关系的缘起。中国西南的原始森林里，生长着一种山茶属的诞自七八千万年前的常绿植物，原始社会的部族领袖和巫医们，为鉴别可吃食物，亲口尝试，品味百草，发现此种茶树叶子可解毒，此举既符合当时的社会实际，也有一定的科学根据。关于神农的神话传说故事，反映了中国原始时代从采集、渔猎进步到农业生产阶段的情况。中华千年的茶文化也由此开端了！

周公解茶

我们常常听说"周公解梦","周公解茶"是什么意思？周公又是何许人也？周公是西周初年之人，姓姬，名旦，所以也叫他周公旦。因为他的封地在鲁，氏号为周，爵位为公，人称鲁周公。他是周文王的第四个儿子，周武王的弟弟。

司马迁评价周公是个十分仁义的人，文王执政时，他就是所有儿子中出类拔萃的。等到他的哥哥武王执政，他成了武王最贴心的大臣。

武王死了，太子成王还很小，周公旦就当了摄政王。摄政王权倾天下，很容易"挟天子以令诸侯"。但周公不这样，他治理国家、教导成王，一心一意地辅助幼主。他那几个兄长不乐意，造谣挑衅，说周公旦有野心，看中了王位。周公很坦荡地宣布，他这样做就是为了天下安定，让成王能够接班。他本来已经封到鲁国去了，为了辅佐成王，他让儿子伯禽代他去就封，临行前对儿子说："我是文王的儿子、武王的弟弟、成王的叔父，地位可谓显赫。但我洗澡时还会好几次握住头发停下来，吃饭时常常会把饭粒从嘴里吐出，那都是因为要起身接待贤能之人，担心自己怠慢了他们。所以，你到了鲁国，一定要谦虚谨慎！"三国时期的曹操写诗自比周公，其中那句"周公吐哺，天下归心"最为脍炙人口，就是这么来的。

小孩子成王身边也有一批小人，常常诋毁周公，成王就糊涂起来，为避杀身之祸，周公只好逃往他国。传说成王身边的人去抄他的家，结果抄出了一封祷书，是当年成王生病，周公祈祷上苍让自己代他生病的内容。成王知道后就大哭，赶紧派人把周公重新召回来。

周公旦回来后不久，他那几个哥哥管叔、蔡叔、霍叔与殷纣王之子武庚率众造反，周公兴师东伐，杀了管叔和武庚，放逐了蔡叔，收降了殷的遗民。这些事迹都可以在上海博物馆、中国国家博物馆等陈列的西周青铜器上看到铭文记载，真是"铁证如山"。又过了几年，成王长大，周公就还政于他。"北面就臣位，躬躬如畏然。"

周公继续兢兢业业辅佐成王，一面提醒年轻的成王要勤勤恳恳治理天下，一面还为成王订立了周朝的官制和政制。临终前告诉家人，自己要葬在成周，以此表明他对成王的忠心。成王感念这位大臣、叔父，将他和文王葬在了一起，以表明他从来不敢把周公当做一个臣下看待。

孔子最推崇周公，此后周公被历代统治者和学者视为圣人。孔子晚年曾伤感地说："看来我真的衰老了！我已经很久没有再梦见周公了。"历史上评价周公旦，说到他的功德，大致有那么四条：一是辅助武王得天下，二是代理成王治天下，三是参与了制定周礼，四是从无野心。

"周公解茶"是陆羽记载于《茶经·六之饮》中的："茶之为饮，发乎神农氏，闻于鲁周公。"后来有人将这"闻于鲁周公"五个字发展演绎，鲁周公被诠释为历史上第一位弘扬茶文化，引导茶消费的人

史上第一位弘扬茶文化的周公旦

物。中国最早的一部词典《尔雅》相传就是周公旦所著。《尔雅》中的"释木"篇记载了三个字："櫄，苦荼。"意思是说这个櫄就是苦荼，而苦荼就是人们常见的茶树。

后来的学者通过《华阳国志·巴志》的记载得知早在周武王的时代，茶的确就曾作为一种贡品被进献给周天子。在巴蜀地区茶不但为人所用，还有了人工栽培的茶园。相传周公所著的儒家经典《周礼》，也提到了茶是举行国丧时的祭品。

周公解茶的意义，不仅仅是通过训诂学的方式解释并推广这种植物，他将茶从山野大地带入了礼仪、祭祀的精神殿堂，使其从此凝结进入华夏文明最优秀的基因库，华夏文明开始逐渐成形。

晏子食茗

晏婴是春秋时期齐国的大夫，字平仲，著名的思想家、政治家和外交家，被后人尊称为晏子，夷维（今山东高密）人。生年不详，卒于公元前 500 年。从齐灵公二十六年（公元前 556 年）其父晏弱死后，他继任齐卿，历经灵公、庄公、景公三代。晏子聪敏机智，能说善辩，特别是能运用生动的比喻，托物言志，使人信服。他反对横征暴敛，主张宽政省刑，节俭爱民。关于这个了不起的人物，我们的印象往往来自语文课本上的课文《晏子使楚》。

晏婴

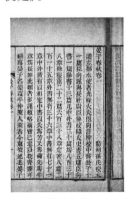

《晏子春秋》

其实晏子的故事并不止此，他还是春秋时期茶人的代表。春秋时期的茶，已作为一种象征美德的食物被食用。《晏子春秋》记载："婴相齐景公时，食脱粟之饭，炙三弋，五卵，茗菜而已。"这是说晏婴任国相时，厉行节俭，吃的是糙米饭，除了几样荤菜以外，只有"茗菜"而已。茗菜，在此处可以被解释为以茶为原料制作的菜。

当时我国的茶树还没有在长江下游地区栽培，只有西南地区生产茶叶，而且品种也较少，一般是作为消暑的药材食用，也有边远地区的少数民族用茶做菜食用。如云南基诺族爱吃的"凉拌茶菜"就是其中之一。它是将采下的新茶叶芽，加上盐和辣椒粉拌着吃。既有咸辣的味道，又有茶的香味，用以佐餐十分可口。两千多年后的今天，像"茶鸡蛋""茶烧肉"，以及高档的"龙井虾仁""樟茶鸭"等都属于"茗菜"的范畴。

至于当年晏婴怎么喜欢上吃"茗菜"，所用的茶叶从哪里来的，都无从可考。不过晏婴当年将吃"茗菜"列为日常饮食之列，也不足为奇。因为自神农氏亲尝百草，发现了茶以后，又经过了周公旦这样的大人物对茶的认可，晏子食茶也可谓一脉相传了。

司马迁在《史记》中，将晏子与齐国的另一名相管仲并列在一起作传（《史记·管晏列传》），并对两人进行了不同的评价："晏子俭矣，夷吾（管仲）则奢；齐桓以霸，景公以治。"

《晏子春秋》中关于晏婴茶事的史录，是中国史籍中关于茶的最早食用记载，也是最早将茶与廉俭精神相结合的记载。茶的这种精神特性无疑引发了"茶圣"陆羽的强烈共鸣，故在《茶经》中一再指出："茶性俭"（《茶经·五之煮》），"最宜精行俭德之人"（《茶经·一之源》），并把《晏子春秋》中的这段史料郑重引入了《茶经·七之事》，使其千古流芳，传扬至今。晏子食茗，这实在是一件再日常不过的小故事了，然而，茶从此就感染了"俭朴而高贵"的气质。

王褒《僮约》

想不到气魄雄浑的大汉王朝里的茶事，风流又俏皮。彼时在西汉，严格地说是公元前59年，汉宣帝神爵三年，脚下是武阳的地界，迎面走来一个大胡子，年纪轻轻的却是一脸的虬髯，奴隶打扮，灰头土脸的，身上背着一个大竹筐。大竹筐上系着一块木牌，上面用奔放的隶书写着两个字"槚笥"。长沙马王堆汉墓出土过这样的文物，一片木牌写着"槚笥"二字。槚，苦茶。这髯奴是到武阳买了茶叶往回赶。

原来是"主人叫我来买茶"。他的名字就叫"便了"，这个名字当时在奴隶当中带有普遍性。便了忠心耿耿，可惜男主人命不长，不久前亡故了。男主人有个朋友叫王褒，是资中人，就是如今四川资阳这个地方，这个人可是中国历史上著名的辞赋家。

都说寡妇门前是非多，这位王褒真是风流才子，本是来访友的，朋友已死，他竟然就住在亡友家中，与便了家的女主人寡妇杨惠眉来眼去，暧昧不清。王褒还经常指派便了去给他买酒。便了早就看王褒有气，替他跑腿很不情愿。有一天，他跑到男主人的墓前放声大哭，边哭边说："主人啊！您当初买便了的时候，只是交代我要把家里看守好，可并没有叫我去给别的野男人买酒啊！"

便了这一哭，闹得满城风雨，王褒和那杨寡妇多少要面临些舆论压力。两个人又羞又恼，寡妇觉得这髯奴越来越大，留在身边也不合适，就把便了转卖给了王褒为奴。王褒决定要好好治一治他，就运起了自己手上这支生花妙笔，写下了一篇长约六百字、题为《僮约》的契约，列出了名目繁多的劳役项目和干活时间的安排，以及若干项奴仆不准得到的生活待遇，使便了从早到晚不得空闲。契约上繁重的活儿使便了难以负荷。他痛哭流涕向王褒求情说，要是真照这样干活，恐怕马上就会累死进黄土了，早知如此，他情愿给主人天天去买酒。

其实王褒也就是吓唬吓唬便了，也许正是因为便了在旧主人墓前的大哭，让王褒觉得这个家奴心地善良又真挚忠诚，才买了过来。这篇《僮约》从文辞的语气看来，不过是作者的消遣、游戏之作，文中不乏挪揄、幽默之句。这个王褒就在不经意中，为中国茶史留下了非常重要的一笔。不知这位便了自己会不会背：

……舍中有客，提壶行酤，汲水作哺。涤杯整案，园中拔蒜，斫苏切脯。筑肉臛芋，脍鱼炰鳖，烹茶尽具，哺已盖藏。……绵亭买席，往来都洛，当为妇女求脂泽，贩于小市。归都担枲，转出旁蹉。牵犬贩鹅，武阳买茶……

王褒看来不只是爱喝酒，也是一位十分善于饮茶的人。《僮约》成了茶学史上最早提及茗饮风尚的文献。其中有两处提到茶，即"脍鱼炰鳖，烹茶尽具"和"牵犬贩鹅，武阳买茶"。文中的"烹茶"即为煮茶，说明了茶的煮制方式已开始形成。它和后来三国时的茗茶形态似并不相同，或可说是后来唐代陆羽煎茶的滥觞。文中我们还可知晓，奉茶已成为当时社会待人接物的重要礼仪，进入了精神的领域，由此可估量茶在当时社会地位之重要。

其次，它是茶学史上最早提及茶市场的文献。"武阳买茶"就是说要赶到邻县的武阳去买回茶叶。王褒住四川资中，离他要仆人买茶的四川武阳往返百余里，如此不辞劳苦往来贸易，非得到指定的地点，说明这个卖茶点，不是茶叶买卖的集散地，就是茶的原产地。对照《华阳国志·蜀志》"南安、武阳皆出名茶"的记载，则可知王褒为什么要去武阳买茶。茶叶能够成为商品上市买卖，说明当时饮茶至少已开始在中产阶层流行。买茶往返需百余里，故此处之茶应当是制作后可以保存的干茶。关于巴蜀茶之贸易、品饮风习的情况，正是从王褒《僮约》才始见诸记载，后来的茶史研究者由这一记载方知晓了当时的武阳地区就是茶叶主产区和著名的茶叶市场，并由此确立了巴蜀一带在中国早期茶业史上的地位。

最后，据文中内容推测，汉朝很有可能已经有了专门的饮茶器具。"烹茶尽具"，可解释为烹茶的器具必需完备，也有解释为烹茶的器具必须洗涤干净。无论如何诠释，都可推测，至少从西汉开始，饮茶已经有了固定的器具。

便了的故事讲完了，仿佛觉得他在武阳与我们互道珍重，带了茶叶转身离去。早点赶回去，明日还要为主人烹茶待客。中国的书法发展到汉代，出现了"隶书"这样简洁、率真的字体，首先便是出自奴隶之手。而在中国的茶文化历史中，也永远有这样一个鲜活的茶僮的身影与文人成一组对应关系，完成了这段千古诙谐的故事。

以茶代酒

饮茶令人清醒，喝酒使人乱性。特别在当下的时代，公路上的警示牌也常常出现劝告司机"以茶代酒"的"醒世恒言"。每逢宴饮，不善饮酒者，可以端起茶，道一句"以茶代酒"，同样尽了礼数。那么这"以茶代酒"的故事究竟从何而来呢？历史就是这么奇诡，原来，如此温文尔雅的举动竟然出自一个凶残的暴君！

这个暴君就是三国时东吴孙权的孙子，叫做孙皓。

三国时期，茶在南方已被普遍作为饮料。孙皓未登位时，封地在吴兴郡，也叫乌程。南朝山谦之在《吴兴记》里写道："乌程县西二十里有温山，出御荈。"孙皓既然当过乌程侯，必定在这茶的土地上熟悉了品饮之道。他去南京当了吴帝之后，乌程就开始给他进贡茶。

孙皓初登大位，体恤民情、开仓赈贫，还算建立了一定的群众基础。但很快他就过惯了帝王的奢侈生活，变得不理朝政，专横跋扈，残暴施虐，沉迷酒色，荒淫无度，动不动就要挖人家眼睛，杀人家头。他还派遣特务，大搞恐怖统治，发现辅佐他登基的二位"顾命大臣"嫌他性情粗暴，且视酒如命，已流露出后悔立他为君之意。孙皓不知感恩，立即收押他们，并且实行流放，途中派人追杀，诛灭三族。

孙皓嗜酒，天天摆酒设宴，强邀群臣作陪，每设酒宴，有个不成文的规矩，每人以七升为限，当时的一升酒，换算成今天的计量单位，相当于半斤左右，七升那可是三斤半酒啊！不管你会不会饮酒，必须喝，还要碰杯大饮，每杯定要见底不可。这个暴君，一不高兴就杀人，哪个敢不玩命喝酒？所以每次席间，一片狼藉，群臣七倒八歪，醉吐不止，丑态百出，孙皓则开怀大笑。据说孙皓在群臣醉后开始盘问他们，令其相互揭发，全凭一堆醉话大开杀戒。

大臣之中有个叫韦曜的，酒量实在不行，最多只能喝两升。韦曜原是孙皓的父亲南阳王孙和的老师，担任太傅。既然是父亲的老师，地位相当特殊，故此，孙皓对韦曜也格外照顾，早知韦曜不胜酒力，就秘密地赐给他茶。因此，韦曜的杯中不是酒浆，而是与酒浆颜色极为相近的茶汤。得到这样一位杀人不眨眼的暴君如此的宠爱，实在不知道是福还是祸了。

韦曜是个耿直、忠诚的大臣，孙皓秘赐茶荈，对他十分礼待，他更加想帮助他。于是经常劝谏孙皓，说他在酒席上令侍臣嘲谑公卿，以取笑为乐，长此以往，对外毁坏了形象，对内滋长了仇恨，是很危险的。可这暴君哪里会听？韦曜奉命谱录孙皓之父南阳王孙和的事迹时，因秉笔直书写了一些他见不得人的丑事，大大触怒了孙皓。公元273年，韦曜竟被投入大狱，最后被曾经赐他"以茶代酒"的孙皓下令杀害。

公元280年，吴国为西晋所灭，暴君孙皓做了俘虏，被遣送到洛阳，受封的爵位只是个"归命侯"，这个暴君苟延残喘了四年，病故洛阳，时年只有四十二岁。孙皓原本也是会喝茶的，但他选择了酒，选择了奢侈与放纵，因酒误国，遗臭万年。

孙皓给韦曜以茶代酒换的茶，很可能正是从乌程来的浙江茶。因此，我们可以推论，三国时期，浙江已经有了御茶园。以茶代酒说明，当时浙江吴兴的饮茶习俗，已经在吴国宫廷里流行了，而以茶代酒的意义已经超越了茶自身的饮食功能，完全进入了文化层面。那是关于我们的文明在演进过程中出现的混乱、奢侈、粗暴、杀戮与理性、俭朴、节制、怜悯之间的对应、冲突与置换。"以茶代酒"，不论成败，或许永远是文明得以进化的一种动因。

陆纳杖侄

两晋时期的豪门贵族，有以奢侈为时尚的风气。比如西晋时期的权贵王恺与石崇就以"斗富"为乐。王恺认为自己的财富无人可及，用当时特别贵重的麦芽糖清洗锅子，石崇知道后竟用更为珍贵的石蜡当作柴禾。王恺不甘示弱，用紫纱设步障四十里，石崇就用织锦设步障五十里。石崇用一种叫椒的涂料涂饰房屋，王恺就用红色的石脂盖过他。晋武帝对此不仅不加管制，还乐得看热闹，为了使自己的亲戚王恺获胜，还多次资助。有一次，他赠给王恺一株二尺多高的珊瑚树，王恺便十分得意地拿出来向石崇炫耀，谁知石崇二话不说，拿出一柄铁如意，几下就将珊瑚树击成碎片。王恺勃然大怒，以为石崇是嫉妒疯了，谁料石崇却轻松地说："这有什么大惊小怪的，我现在就赔给你！"于是命令家仆取出自家珍藏的珊瑚树，二尺多高的异常之多，三四尺高的竟然也有六七株，王恺目瞪口呆，惊羡万分。

而此一时期的儒家学说践行者们，则承继春秋晏子茶性俭的精神，以茶养廉，以对抗同时期的侈靡之风。当时有位大人物桓温，早年还在扬州当太守的时候，性情就很俭朴，每次宴饮客人，只设七个盘子的茶食。这位桓温后来离帝位只有一步之遥，终究没有篡位。性俭之人，以茶养廉，桓温也许就是用茶培养克制自己欲望的能力，也算是品茶人中的一个典型了，但最典型的故事还要说是"陆纳杖侄"。

陆纳是三国时名将陆逊的后代，在东晋时曾担任过太守、吏部尚书、仆射、散骑常侍和尚书令等许多重要职务。他不但为政清廉，而且在生活上也十分俭朴，从来不奢侈铺张，很受人敬佩。连唐代"茶圣"陆羽也追认陆纳为自己的先祖。

宰相谢安非常敬重陆纳的人品，便派人对陆纳说，打算抽时间，到他家去拜访。谢安是何许人也，陆纳当然知道，那可不仅仅是朝中第一权势显赫的大人物，还是开启一个时代的传奇人物啊！谢安少年时就非常有名，做了一个多月官就辞职了，隐居在会稽郡山阴县东山的别墅里，其间经常与王羲之、孙绰等名家游山玩水，并且默默承担着教育谢家子弟的重任。后来谢氏家族朝中人物尽数逝去，谢安才"东山再起"。作为东晋的总指挥，面对前秦的侵略，在淝水之战中以八万兵力打败了号称百万的前秦军队，致使前秦一蹶不振，为东晋赢得几十年的和平。

对于这样一位贵客临门，陆纳似乎也并没有做什么接待准备。倒是他的侄子陆俶，听说谢安这样的大人物将要光临他家，认为这是千载难逢的机会，应当倾尽所有，好好招待一番。但陆俶一定是深知叔叔陆纳的为人，向来最反对奢靡，于是没敢和陆纳说，就偷偷地把接待谢安的东西，都准备齐全了。

当谢安到来以后，陆纳只给他端上了一碗清茶和一些水果，清淡、自如。而他的侄子，突然像变戏法一样摆上了一大桌子丰盛的佳肴，山珍海味，珍馐备置，请谢安入座就餐，谢安也就坐下勉强动了几筷，就告辞回去了。

陆纳对侄子这种为了讨好权贵而铺张奢华的做法，极为恼火。他强压怒火，等谢安走后，就动了家法，当面痛斥侄子："你既然已经不能够光大你叔父我的德行，为什么还要来玷污我一贯朴素廉洁的声誉呢！"陆纳真是又气、又怒、又羞、又恨，说完亲手打了这个不肖的侄子四十大板。

后人总是以陆纳杖侄的故事弘扬茶性的廉洁、俭朴，其实这只是一个方面，以茶养廉对于陆纳乃至其后的茶人来说，是一份俭朴而又无上高贵的"素业"。

老妪的茶粥罐

人类发现茶，利用茶，并不是直接就拿来作为饮品的，茶可以药用，还可以食用。茶熬粥羹饮，唐代以前这种吃法还十分流行呢！有一则故事可以佐证。西晋文学家、司隶校尉傅咸在教示中说："我听说南市有个四川的老太太做茶粥来卖，被官吏强行喝止，还摔破了她的茶粥罐子。后来那老太太又来了，这回不敢卖茶粥了，改成了卖茶饼，再没有罐子可砸了。为什么要为难那位四川老太太呢，为什么要禁止她卖茶粥呢！"可见茶粥这种食品在当时还是颇受人们欢迎的，有点像一种地方特色小吃，成为一种商品进入市场。

那位四川老太太怪可怜的，卖茶粥糊口还要被官吏欺负。《广陵耆老传》中也记载了一位老太太，她可就神奇多了！

晋元帝的时候，来了这么一位老太太，她每天天蒙蒙亮就独自一人提着一个茶粥罐子，到市场上去卖茶粥。她的茶粥一定是十分的美味，市场上的人竞相购买，络绎不绝。神奇的是，这位老太太从早上不停地卖到晚上，罐子里的茶粥竟然丝毫没有减少。老太太把所有卖茶粥赚来的钱全部散发给路旁那些孤苦无依、贫穷乞讨的人。有些人看到了，感到过于奇怪，就去报告了官府。州法曹的官员气势汹汹地赶到市场，把那位老太太用绳索捆绑着投入了牢狱之中。到了夜深人静的时候，老太太优雅从容地提着她的茶粥罐子，从牢房的窗子中飞了出去，一去不复返了。

茶在这个故事里的神奇、梦幻，卖茶老太太的法力，都被赋予了最仁慈善良的功效。她让我想起了英国的童话故事《随风而来的玛丽阿姨》，翩然而来，又飘然而去。茶，给了女性超越的、飞翔的精神气质。

还魂讨茶

茶与鬼神也有关系吗？有。茶作为一种精神饮品，似乎成了人与鬼神沟通的媒介。祭祀之礼从鲁周公的时代早已开始，南齐世祖武皇帝萧赜驾崩，留下遗诏说："我灵床上慎勿以牲为祭，但设饼果、茶饮、干饭、酒脯而已。天下贵贱，咸同此制。"与其说这是皇帝的节俭，不如说是皇帝认为，茶是高洁的饮料，配得上他死后享用，所以特别要嘱咐灵床上不能少了茶饮。而且他推己及人，以至高无上的天子的名义，要求天底下所有的人死后都得如他一样祭祀。果然，中国人祭祀的供桌上是不能没有茶的。丧礼也要大量用茶，死人口中要含着茶叶，棺材和墓穴中也要撒上茶叶。西汉马王堆古墓中发现用成箱的茶叶陪葬，辽代的古墓中更发现了大量栩栩如生的饮茶主题壁画。

《搜神记》是我国志怪小说的代表之作，记载的都是鬼神仙怪的故事，其中有一个故事，竟然是死人还要喝茶。

在一个平静如常的夜晚，夏侯家的家奴再一次看到了病死已久的夏侯恺，这已经不是他第一次看到夏侯恺的鬼魂了。家奴吓得不轻，屏住呼吸，没敢惊动夏侯恺。只见夏侯恺径直走向马厩，看样子是要牵走他生前骑的那匹马。接着他又走进了妻子的房间，第二天，妻子醒来后便发现自己不知不觉染上了疾病。这时候夏侯恺又出现了！他仍穿戴着他生前的头巾和单衣，坐在他生前常坐的那张靠西墙的大床上，找人要茶喝。

这个鬼故事，说起来倒也不很吓人，还颇有些人情味。夏侯恺魂兮归来，对往昔的生活充满着留恋，却不是"人鬼情未了"，实在是"茶"鬼情未了。

野人送茶

世界各地都流传着许多有关野人的传说，包括喜马拉雅山的"耶提"，蒙古的"阿尔玛斯人"，西伯利亚的"丘丘纳"，非洲的"切莫斯特"，日本的"赫巴贡"，澳洲的"约韦"，还有美洲的"沙斯夸之"，也就是传说纷纭的"大脚怪"。野人是一种未被证实存在的高等灵长目动物，直立行走，比猿类高等，具有一定的智能。在中国，野人早在几千年前就被记载于传奇故事中了，并且你可能怎么也想不到，野人竟然是深谙茶道的"茶人"呢！

《续搜神记》里记载了这个奇怪的故事。说的是晋武帝时期，宣城有个人名叫秦精，经常进入武昌山采茶。有一次他进山后，忽然闪出一个浑身长满长长毛发的野人，有一丈多高。这人一把抓住秦精就往山下拖拽，秦精大叫，无力挣脱，一直被那野人拖到一个风景奇佳的地方。野人不会说话，只是吼叫，用手比画，指着前面一大片极好的野茶丛。然后他向茶丛中飞速跑去，但一会儿又跑了回来，把怀里的橘子掏出来送给秦精，这才离去。秦精被这突如其来的野人吓得魂飞魄散，两脚发软，过了很久才缓过神来，采了很多好茶背回家去了。

从中我们可以得知，早在两晋时期，中国长江流域中下游地区的山中有野茶可供人采摘。茶与仙怪结合在一起，似是要说明茶是一种有别于凡间饮料的仙浆琼露。

水 厄

中国小说的源头是魏晋南北朝的志人志怪小说，志怪小说中的茶是一种灵物，而志人小说如《世说新语》这样的杰作中，茶则与人物的言谈举止一样鲜活可感。《世说新语》是由南北朝刘宋宗室临川王刘义庆组织一批文人编写的，梁代刘峻作了注解。全书共有一千多则故事，大多是人物评论、清谈玄言和机智应对。

士大夫与文人的饮茶故事真是有趣。《世说新语》中提到了一个不得志的人，用的是茶的例子。这个人名叫任瞻，字育长。他是一个神童，少年时就才华出众，一表人才，年纪轻轻就在文人圈中享有很大的名气，十分得志。然而，花无百日红，人无千日好。西晋永嘉年间，由于统治阶级内部的矛盾，王朝开始分崩离析，匈奴、鲜卑、羯、羌、氐五族乘虚而入，周边胡族的大肆入侵出现了"五胡乱华"的混乱局面，北方社会动荡不安，迫使士族和百姓大量南迁，为逃避战乱，门阀士族带领家眷、民户流徙到江左一带，这是有史以来中原汉人第一次大规模南迁，历史上称为"永嘉南渡"。这位任瞻也就在这离乱的时代过江了。来到江南以后，他就变了一个人，往昔的神情已经不在脸上，郁郁不得志。有一次别人请他喝茶，他竟然少见多怪地问："这是茶还是茗啊？"直到发现别人脸上有了奇怪的脸色，才自我解嘲说："我不过是想问问这茶是热还是冷的罢了。"

任瞻的不得志，是因为南北地理、文化上的差异，还是因为他的"怀才不遇"或"江郎才尽"，无从得知。只能是如人饮水，冷暖自知。茶的冷热，人的得志与失意，乃至家国的兴亡，仿佛是一回事。

还有个故事很可爱。说的是东晋的名士、外戚王濛，字仲祖，小名叫阿奴。年轻的时候放荡不羁，后来开始克己励行，从而获得了风雅潇洒的好名声，成为当时名士的典范。王濛长得实在是太帅了，并且深得朝廷的赏识，当着大官。他在家时，喜欢对着镜子欣赏自己的美貌，这不免流露出一种小男人的自恋。但他在外办理公务时，却是一丝不苟、极为专注，又体现了事业型男子的风范。难怪东晋时著名的美男子僧人支道林赞美王濛："他专注严肃地做事时，是多么儒雅迷人啊！"一年冬天，王濛到尚书省见王洽，当时外有积雪，王濛在门外下车，穿着公服慢慢走进来，王洽遥遥望见王濛，赞叹道："这人简直不是尘世间的人物！"相貌俊美的王濛，有一次帽子坏了，自行走到集市上去购买。集市里的妇女们看见王濛如此貌美，竟然争相送他新帽子。

就是这位出众的美男子，嗜茶如命。不仅自己一日数次地喝茶，还要邀请别人也这么喝。只要有人到他家做客，他就盛情邀请客人一起大喝其茶。当时士大夫中还有很多人不习惯于饮茶，大家总有些害怕，以至于都不敢去他家了。每次有公务不得不去见王濛时，大家都面面相觑然后戏称："今天又要遭水厄（水灾）了！"

永和三年，王羲之的《兰亭集序》还有六年才会被创作出来，王濛就去世了，只有三十九岁，真是"红颜薄命"了。

单道开饮茶苏

　　"茶圣"陆羽也是个爱讲故事的人，他在《茶经·七之事》里就讲到了晋代一位亦僧亦道，不用吃饭，还会飞行术的神奇之人单道开。

　　单道开俗姓孟，是敦煌人。这位僧人整日穿着粗布衣裳，有人送他丝绸的长袍，他也不穿。年纪不大的时候就一心归隐山林，潜心修炼，诵经四十多万言。渐渐地开始绝食，不吃五谷，吃些松柏的果实。果实难得的时候，也服用一些松脂。后来这些也不吃了，竟然服用细石子，几天服用一次，每次吞几枚，有时多有时少。他服用松、蜜、姜、桂、茯苓以外，关键还要饮用茶苏一二升，所谓"茶苏"，是一种用茶叶与果汁、香料配合制成的饮料。

　　这样七年下来，单道开的身体变得不怕寒暑了，寒冬腊月敞开衣服也不觉得冷，酷暑炎夏穿着衣服丝毫不觉得闷热，反而有温暖的感觉。更神的是他可以昼夜不睡。他一个人居住在山中，山神树神经常幻化成各种奇异、怪怖的形象试探他，单道开从来没有露过一点害怕的表情。

　　可是谁都能像单道开一样的，与他同时开始学习、修炼的一共有十个人，服用的东西也都一样，十年之后有的人坚持不下去，知难而退，有的干脆就一命呜呼了，唯有单道开一人能够完成自己的修炼志向。

阜陵太守知道山中有这样的神奇人物，派遣马队去迎接，单道开辞谢了，拔腿就跑，一口气疾走了三百里路，马队都追不上。

后赵武帝石虎建武十二年（346 年）的时候单道开突然从西平而来，飞行一般一天走了七百里，到了南安这个地方度化一个十四岁的童子为沙弥，并且传授了自己的修行之法。当时的皇帝石虎在位期间，生活十分荒淫奢侈，又对百姓施行暴政。不过他厚待来自西域的佛教僧侣佛图澄，十分崇信佛教。他的一位大臣向他启奏，说是天上出现了仙人星，预示着会有高士进入我们的国家。于是皇帝石虎就通知各个州郡，发现奇异的人马上奏报。那年冬天十一月，秦州的刺史终于上表朝廷把单道开送来了。单道开于是住进了寺院，皇帝派人为他在房内造起阁楼，高八九尺，在上面用稻草编成禅室，他就常常坐在其中。石虎给单道开很多供养，他全部拿来施舍给百姓。喜欢修仙的人都来询问，单道开都不回答，只留下一句偈语："我矜一切苦，出家为利世。利世须学明，学明能断恶。山远粮粒难，作斯断食计。非是求仙侣，幸勿相传说。"

单道开不但自己修行，还能治别人的眼疾。皇帝石虎的儿子石韬就去请单道开治疗眼睛，刚用药的时候有些痛，石韬很害怕，但很快就见效复明了。朝廷愈加看重这位高僧了。当朝的国师级人物佛图澄说："单道开这位高人能够观察国运的兴衰，如果哪天他走了，说明国家要发生重大的灾难！"到了石虎太宁元年（349 年），单道开带着他的弟子飘然而去，去了许昌。果然，石虎的儿子和侄子互相厮杀起来，邺城大乱。

那么单道开究竟去了哪呢？据说十年后他到过建业，就是今天的南京，忽而又出现在南海，最后入了罗浮山，依旧一个人独处茅棚，超然物外。活到一百多岁，最后死在山舍之中，他的弟子尊重他死前的嘱咐，把他的尸体放置在山里的石洞中。许多年后，南海的太守有一次与僧人朋友一起登上罗浮山游玩，无意间来到一间石洞口，竟然看见单道开的遗骸完全犹如活着一般，曾经供奉过的香火、茶罐也还在那里。

两晋南北朝时期是中国历史上佛教文化大盛之际，东晋高僧怀信在《释门自镜录》中说："跣定清谈，袒胸谐谑，居不愁寒暑，食不择甘旨，使唤童仆，要水要茶。"释道悦的《续名僧传》曾记录说："宋释法瑶，姓杨氏，河东人……年垂悬车，饭所饮茶……年七十九。"可见，茶与佛教文化之间的结合，当此时期形成。不论单道开是僧是道，总之，他只饮茶苏而不食人间烟火，超然于形骸之外的精神力量，为茶饮的内涵开辟了不同凡响的境界。

古冢祭茶

南朝人刘敬叔所著《异苑》，收录各种奇闻逸事，其中有一则嗜茶的鬼报恩的故事。

剡县（今浙江嵊州）有一个叫陈务的人，还没到三十岁就患病去世了，留下一个妻子和两个儿子。孤儿寡母生活艰辛，做母亲的没有再嫁，一个人要带大两个孩子，含辛茹苦，忙碌之余只有一个爱好，那就是饮茶，茶能解除疲劳，也能除去忧伤吧！

他们的家宅很奇怪，早在他们居住之前，里面就有一座古冢。这坟墓太古老了，完全无法辨识是何许人的。陈务的妻子心地善良，敬畏神明，每天自己饮茶的时候，都要先向这古老的坟墓祭拜一番，敬献茶汤。她的两个儿子长大了，总感到自己家宅中有这么个古坟很不吉利，想要把坟迁移到别的地方去。但她始终觉得，这座古墓已经是家的一部分了，没有什么不好，于是坚决反对。

有一次，两个儿子趁母亲不在家，就拿着农具要去挖墓，刚要动手，就被赶回家的母亲发现了。她厉声呵斥，甚至就守在古墓前不走了。两个儿子很孝顺，见母亲如此坚决，也只好听从，打消移墓的念头。就在这天夜里，陈务的妻子做了一个梦，梦见有一个人对她说："我住在这座古墓里已经三百多年了，你的孩子时常想毁掉我，幸亏你阻止保护，而且每天给我享用好茶，很感激，我虽然已是地下腐朽的枯骨，但不能忘记要报答你的恩惠。"第二天早晨，陈务的妻子竟然在客厅的地上看到有十几万的钱，而且这些钱看上去像是埋在土中很久，刚挖出来一样，但穿钱的绳子却是崭新的。她连忙将此事原原本本告诉她的儿子，两个儿子的脸上顿时露出了惭愧之色。从此以后，陈务的妻子和儿子在这古坟墓上每天供茶，并且更加勤快、真诚了。

茶叶用作丧事的祭品，是祭礼的一种。通过这些故事，不难看出在两晋南北朝时，茶叶开始被广泛地用于各种祭祀活动了。不仅是祭天、祭地、祭祖、祭神、祭仙、祭佛，还可以"祭鬼"，并且，三百多年的"老鬼"居然也嗜茶成瘾。

酪 奴

　　"王肃茗饮"是饮茶史上著名的故事。王肃，字恭懿，琅琊（今山东临沂）人。他原来在南朝齐任秘书丞。没想到他的父亲王奂和他的兄弟们，统统被齐国的皇帝萧赜所杀，只逃出了他一人。他愤恨之下，便从建康（今南京）投奔北魏。北魏孝文帝是一代明君，随即授予他大将军长史的官职。后来，王肃果然为北魏立下了赫赫战功，得了"镇南将军"的封号。

　　王肃当年在南朝做官的时候，喜欢饮茶喝莼菜羹。后来到了北方，入乡随俗，又喜欢上了羊肉和奶酪。有人问他："茶与奶酪相比孰优孰劣？"王肃说："茶是不能居于奶酪之下的。"

　　关于这个故事，还有另外一个版本。北魏人杨衒之所著《洛阳伽蓝记》，记载王肃向北魏称降，刚来的时候，不习惯北方吃羊肉、喝酪浆的饮食习惯，常常用鲫鱼汤下饭，渴了就饮用茶汤。他十分爱喝茶，一喝起来就是一斗。北魏首都洛阳的人暗地里都给王肃取绰号叫"漏厄"，意思就是永远装不满的容器。

　　过了几年，王肃早已适应了北方的生活。一次，孝文帝大宴群臣。宴席上王肃吃羊肉、喝酪浆甚多。孝文帝很高兴，就问道："爱卿你是汉族人的口味，你觉得羊肉比起鲫鱼汤来如何？茶饮比起奶酪来又如何?"王肃回答说:"这羊肉是陆地上出产最鲜美的食物,鱼呢是水族当中最好的,正是春兰秋菊各有好处,都是难得的珍味。这羊好比是齐鲁这样的大国,鱼就好比是邾莒这样的小国。只是这北方的茶汤,因为煮得不精致,实在是不中喝,只好给酪浆作奴仆了!"

这个故事一传开,茗汁茶汤因此便有了"酪奴"这样一个贬意的别名。虽然如此,北朝还是有人仰慕王肃的风采,有个叫刘镐的官员就专门学习品茶。这个故事说明茗饮曾是南方人的时尚,北方人起初并不接受茶,煮制方式也很粗放,与后来细酌慢品的饮茶大异其趣。但那只是南北朝时候的状况,很快人们就普遍接受了品茶,使其成为中华各民族各地域都热爱的饮品。

王肃的南人北饮,孝文帝的垂询,似乎都给出了某些信号。北魏的汉化改革为中国未来大一统的历史进程做了铺垫,这其中茶饮这个符号,仿佛是一支民族融合的"温度计"。当被问到"茗饮何如酪浆?"时,王肃反复重申茶是不能给酪浆做奴隶的,意思是茶的品位绝不在奶酪之下。但是,后人们却把茶茗称作"酪奴",把王肃说得有些像汉代的李陵,有"寄人篱下"之感,这是将王肃的本意完全弄反了。

萧翼品茗赚兰亭

中国迄今为止最早描绘的关于茶的绘画，是唐代宫廷大画家阎立本所作的《萧翼赚兰亭图》。从画面上看，描绘了儒士与僧人共品香茗的场面，但其中却大有隐情。

东晋大书法家王羲之于穆帝永和九年（353 年）三月三日同当时名士谢安等四十一人会于会稽山阴（今浙江绍兴）之兰亭，在水边举行驱邪禳灾的祭祀。当时王羲之酒后用绢纸、鼠须笔作《兰亭集序》，计二十八行，三百二十四字，称《兰亭帖》，后世尊为"天下第一行书"。第二日酒醒后他再写了几遍，都没有之前写的神妙。王羲之死后，《兰亭帖》由其子孙代代相传，后来传到七世孙大书法家僧人智永，智永圆寂后，又传给了弟子辨才和尚，辨才得到了《兰亭帖》后视为至宝，在梁上凿了一个暗槛藏起来。

唐太宗李世民最喜爱王羲之的法书，虽然收集极为丰富，就是得不到《兰亭帖》，十分遗憾，常常令人明察暗访。后来听说辨才和尚藏有《兰亭帖》，就召见辨才，可是辨才却说见是见过，但不知下落。太宗无可奈何，于是召见群臣，毫不掩饰地说："朕梦寐以求右军《兰亭帖》，谁能用计从辨才手中取得，朕一定重赏。"尚书仆射房玄龄向唐太宗推荐梁元帝的曾孙，多才善谋的监察御史萧翼担当此任。

唐太宗召见萧翼，萧翼说："我要是以官员的身份去取《兰亭帖》是行不通的，请陛下给几件王羲之父子的杂帖，我自有主张。"

萧翼换上了白衫，打扮成山东书生的模样，随商船来到山阴永欣寺。辨才见这位游客器宇不凡，便上前施礼问道："何处施主光临寒寺？"萧翼彬彬有礼上前拜道："弟子是北方人，卖完蚕种顺道游历圣寺，在此有幸遇上高僧！"当晚辨才请萧翼进禅房用茶，两人下棋抚琴，谈天论地，评文述史，探讨书法，情投意合，相见恨晚。

隔了几天，萧翼带着好茶来看望辨才。闲谈时，萧翼对辨才说："弟子自幼喜欢临帖，现在还珍藏着几件王羲之父子的真迹呢！"辨才看过萧翼带来的二王字帖，见萧翼露出扬扬得意的神色，于是就说："真迹倒是真迹，可惜不是佳品。贫僧也有一件王羲之的真迹，那才是绝世之作。"萧翼装出好奇，追问是何帖，辨才毫不犹豫地说出是《兰亭帖》。萧翼见辨才上了钩，故意装出若无其事的样子说："经过了多次战乱，王羲之的《兰亭》怎么可能还流传在世间呢？一定是赝品吧！"辨才见萧翼不相信，连忙将藏在屋梁槛内的《兰亭帖》拿下来给萧翼观看。看后，萧翼故意说是假的，于是二人争论不休。

辨才自从将《兰亭帖》给萧翼看后，就不再藏到屋梁上了，他将之与萧翼带来的御府二王杂帖一起放在书桌上。一天，萧翼趁辨才外出，来到方丈室，他请小和尚打开门，谎称自己将书帖遗忘在此。小和尚见是经常在此出入的萧翼，没加思索就开了门。萧翼将《兰亭帖》和御府二王杂帖放进衣袋内，转身就走了。

萧翼得到了《兰亭帖》，便来到了永安驿，告诉驿长陵愬，亮明是本朝御史，有皇上的御旨，请驿长急告都督。都督齐善行接到传信，急忙前来拜见萧翼。齐都督看过御旨，急派人召辨才见萧御史。辨才一见原来御史就是萧翼，惊奇不已。萧翼彬彬有礼对辨才讲明自己奉皇上旨意，前来取《兰亭帖》。现《兰亭帖》已到手，特来与大师道别。辨才听后，当场昏倒在地。待他醒过来时，萧翼已驱车回京城面圣去了。

萧翼智取墨宝回到长安，唐太宗欣喜若狂，大摆宴席招待萧翼及群臣。宴席上唐太宗当众宣布：房玄龄荐人有功赏锦彩千尺；萧翼加官五品，晋升为员外郎，并赏住房及金银宝器；辨才犯欺君之罪，本应加刑，因年迈获免。唐太宗宽大为怀，还赐给他谷物三千石。辨才深感皇恩，将赐物变卖，建造了一座精美的三层宝塔放置在永欣寺内。他因《兰亭帖》一事欺君受惊，身染重病，一年后便圆寂了。萧翼因骗得《兰亭帖》而内疚，出家做了辨才的徒弟。

太宗殁，《兰亭帖》陪葬昭陵。苏东坡有诗句："兰亭茧纸入昭陵，世间遗迹犹龙腾。"

《萧翼赚兰亭图》为素绢本，着色，未署款。画上有五个人物，八十老僧辨才坐在禅椅上，左手持麈尾，长眉圆颅，一脸憨厚相，唇微开启，正在说话呢。他的左手手掌摊开向上，是一个和盘托出的形体动作，人们仿佛听到他说："年轻人，实话告诉你吧，兰亭真迹，就在我这里呢。"

萧翼黄袍着身，坐在辨才对面，双手藏在袖笼中，可谓袖里乾坤，暗藏机心。上方坐着一个僧人，一脸不悦的样子，好像已经看透了萧翼不是好人，这将是一场骗局。

而画面的左侧，便是两位侍者在煮茶。那个满脸胡子的老仆人，左手持茶铛到风炉上，右手持茶夹，正在烹茶。一个小茶童双手捧着

唐·阎立本《萧翼赚兰亭图》

唐·阎立本《萧翼赚兰亭图》局部

茶托盘，弯腰，小心翼翼地正准备分茶，以便奉茶。童子的左侧，有着一个具列，上面置一茶碗，一茶碾，一朱红色小罐。

茶是一种高贵的饮品，陆羽说过，只有精行俭德之人，才配得上喝。可悲的是，在这里，茶被骗了。茶诚实的精神、奉献的精神，被掠夺的欲望与狡猾的手段所蒙蔽了。在中国第一幅以茶为题材的绘画作品中我们就读到了如此惊心动魄的故事，茶已经开始见证人类关于艺术与欲望的善恶角逐。

文成公主的嫁妆

西藏自古是不产茶的，而藏民们对茶的渴求远远超过汉族。一杯浓郁的酥油茶体现着藏族人民的生活习惯和民族风情。关于酥油茶有这样一个故事。

大唐贞观年间，汉藏关系和好，边疆安定，这和当时的文成公主远嫁，与吐蕃赞普松赞干布和亲有很大的关系。文成公主（625—680年）是唐朝皇室远支。她的汉名究竟叫什么已经没有记载了，在吐蕃（也就是当时的西藏）被尊称为"甲木萨"，意思是汉族的神女。

文成公主聪慧美丽，自幼受家庭熏陶，学习文化，知书达理，并信仰佛教。640年奉唐太宗之命和亲吐蕃，对吐蕃贡献良多。松赞干布是藏族历史上的英雄，崛起于藏河（今雅鲁藏布江）中游的雅隆河谷地区。他统一藏区，成为藏族的赞普（"君长"之意），建立了吐蕃王朝。唐贞观十四年（640年），他遣大相禄东赞至长安，献金五千两，珍玩数百，向唐朝请婚。太宗许嫁宗女文成公主。

文成公主进藏，其实扮演了一位了不起的文化使节的角色。她将当时先进的中原物质文明带到了那片苍古的高原。当时唐代汉人的饮茶之风已然十分兴盛，在文成公主庞大、丰富的嫁妆里，除了无数的金银珠宝、绫罗绸缎，还有茶叶和茶种。因为文成公主喜欢饮茶，便

松赞干布　　　　　　　　　文成公主

随行带了许多各色名茶来到西藏。

公主刚刚入藏时，对这里高寒严酷的气候很不适应，尤其不适应藏族人以肉食为主，对牛羊奶的气味也很不习惯。为此，她食欲不振，花容日渐憔悴。后来，她想到了茶。早餐时，先喝半杯奶，再喝半杯茶，感觉会舒服一些。慢慢地，为了方便，就干脆将茶和奶放在一起来喝。久而久之文成公主养成了一种习惯，喝茶时加上一些奶和糖，这恐怕就是最初的奶茶。

上有所好，下必甚焉。文成公主的这种做法逐渐引起宫中群臣权贵的效仿。公主为了鼓励大家与她一起品味来自汉地的茶，就常常以奶茶赏赐群臣，款待亲朋。从宫中到藏族居住区，人们很快风靡地学习起文成公主的这种喝法，饮茶之风一时盛行。人们甚至认为文成公主如此美丽、智慧，一定与饮茶有关。

整个藏族对茶燃起了渴望之火，仅凭文成公主嫁妆里带来的茶叶如何能满足？于是公主建议用各种西藏土产如牛羊、马匹、毛皮等去内地换取茶叶。这就成为兴盛千年的"茶马互市"的开端。而中唐以后，茶马交易使吐蕃与中原的关系更为密切，并开启了后世茶马古道的漫长茶路。同时，为了增加喝茶的品味和乐趣，聪明的公主还在煮茶时加入松子仁、酥油等，并根据人们的喜好加糖或盐巴，酥油茶于是形成。不产茶的青藏高原，饮茶却也成为习俗和传统，藏民们不可一日无茶。现在，这种喝酥油茶的风气已遍及藏族居住区，只要你来到西藏，在任何一个藏民家，都会看到一套专门的打酥油茶的长筒，都会见到一套精美的酥油茶茶具。好客的主人会端上香喷喷的酥油茶及香脆的糌粑饼。也许在品尝酥油茶之时，还会听到藏民们满怀深情地讲起文成公主喝酥油茶的故事呢！

　　唐李肇《国史补》里还说了一个小故事。有一次，唐德宗派使节监察御史常鲁出使吐蕃议盟。在吐蕃赞普的帐篷里烹茶进献，当时唐朝的大官中盛行烹茶之艺，烹茶时要加入姜、盐和各种辛香之物以调味。这吐蕃赞普看了觉得很奇怪，不知道他所煮的是茶。赞普就问了："这是什么呀？"鲁大使自豪又神秘地回答说："这东西可以去除烦难，还能解渴，叫做茶。"赞普说："这东西我也有！"再看赞普拿出的茶中，尽是当时各地的名茶。不知这位鲁大使见了，作何感想。

　　唐代对吐蕃与汉族政权间的关系一直非常重视，因与吐蕃的关系，直接影响到中华民族的团结与融洽，中华大版图的边疆国土安全，也直接影响了丝绸之路的正常贸易。这日常茶饮，是民族团结与交融的纽带啊！

渐儿茶

"茶圣"陆羽（733—804 年）是湖北天门人，字鸿渐，又名疾，字季疵，陆羽的号不少，著名的有竟陵子、桑苎翁、东冈子。他一生嗜茶，精于茶道，工于诗词，善于书法，因著述了世界第一部茶学专著《茶经》而闻名于世，流芳千古。其实，陆羽博学多能，他同时还是诗人，又是音韵、书法、演艺、剧作、史学、旅游和地理专家。

陆羽是一个孤儿，出生时就被丢弃在湖北天门西塔寺外的湖畔。传说那天早上天上的大雁飞下来，用羽毛覆盖在这个弃婴的身上，以免他被冻死。此时，寺里的住持智积禅师正好路过湖边，就把这个婴儿抱回了寺院，从此抚养他长大。弃儿无名，因为是在岸边发现的，智积禅师就让他姓"陆"；因为有大雁缓缓飞来，用羽毛遮盖，所以叫他"羽"，字"鸿渐"。

陆羽自幼好学，跟着智积禅师学习煮茶。因不愿意皈依佛门，备受劳役折磨，每天要放四十头牛。十一岁时逃出寺院，投奔戏班子演戏。他诙谐善变，扮演"假官"角色很受欢迎，还会编写剧本，一走向社会，就显示了出众的才华。后来得到竟陵太守李齐物的赏识，介绍他去邹夫子处读书。陆羽二十岁那年，又碰上竟陵司马崔国辅，交游三年。此后他开始游历中国的大江南北，考察各地的茶。此时的陆羽已然成了一位大学者，他回到竟陵，在东冈村定居，整理出游所得，深入研究茶学，开始酝酿写一部关于茶的专著。

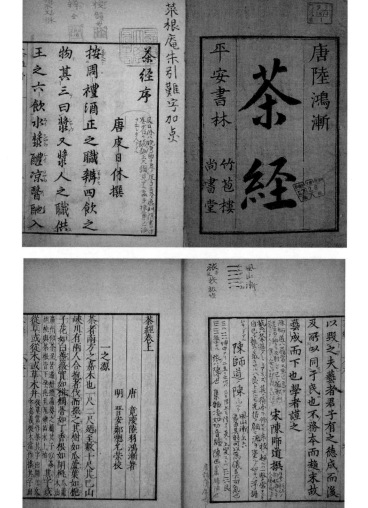

陆羽《茶经》（日本早稻田大学藏）

不久，唐王朝最大的劫难安史之乱发生，关中难民蜂拥南下，陆羽赋一首《四悲诗》，从此过江，遍历长江中下游和淮河流域，考察、搜集茶叶资料，最后定居湖州顾渚山中。

传说在安史之乱平定之后，陆羽还曾亲自给代宗皇帝煮过茶。唐代宗十分好茶。有一次，从小抚养陆羽长大的竟陵智积禅师被召入宫，与代宗皇帝一起品茶、论茶。宫中所有的茶道高手煎出来的茶汤，智积禅师只品上一口，就不喝了。代宗皇帝很奇怪，就问他为什么如此嫌弃这样的好茶？智积回答："我当年所饮的茶，都是我那弟子陆羽所煎煮的，喝到过他的茶，别人所煎的，都觉得黯然失色啊！"

皇帝听罢，记在心中，暗地里就派人四处去寻找陆羽。终于在湖州的杼山找到了陆羽，立即请进宫中。陆羽就用带来的顾渚紫笋茶精心煎了一盏。代宗皇帝一品，果然与众不同。随即命宫女奉上一碗到书房给智积禅师品尝。智积只是呷了一口，连连叫好，一饮而尽。饮完冲出书房，高呼："渐儿啊！我的渐儿在哪里？"代宗大惊，连忙问："你怎知道这茶是陆羽所煎！"智积说："这样好的茶，只有渐儿能煎得出来！"如此一来，陆羽煎茶的本领，受到代宗皇帝的嘉许，并要留陆羽为官。陆羽却无意仕途，毅然返回山野，著他的《茶经》去了。从此，陆羽煎茶之神，也就天下闻名了。

"渐儿茶"的故事流传广，名气大。从中品出来的恐怕不只是陆羽神乎其技的煎茶本领，还有一股浓浓的人情味。智积禅师对于陆羽亦师亦父，历史也许并未记载，但这个故事让逃出寺院、渐行渐远的陆羽与师父再次重逢。"父与子"的情感原本深刻而复杂，不易表达，而此处，都融在茶的滋味中了。

陆羽辨水

唐代有个大官叫张又新，据说他的为人不怎么样，喝茶倒喝得很精。他专门为煎茶用的水写了一本书，名叫《煎茶水记》。这本有趣的书里讲了一个"茶圣"陆羽辨水的故事。

大历元年（766年），御史大夫李季卿来到浙江湖州当刺史，路过维扬（扬州）的时候，正巧碰到陆羽逗留在扬州大明寺，于是就去拜访他。两人寒暄之后，就相约一起坐船去湖州。船抵达镇江附近扬州驿站，靠岸休息。

这位御史大夫李季卿也是个十分风雅的茶人，他早有耳闻，这煎茶用的水，排天下第一的就要数此地的扬子江南零水，又称中泠水。他又深知陆羽是当世最善于品水试茶的高手。于是笑对陆羽道："陆先生善茶，那是天下无人不知的。而这扬州的南零水又是极为难得的天下第一的好水，今天这两大妙处聚在了一起，岂不是能煎出绝世的好茶，真是千载一遇啊，一定要品尝一番！"陆羽对李季卿说："大人雅意盛情，我理当奉陪品饮，只是今日风大浪涌，何况时辰也已经不早，恐怕去那江心取水很危险啊！"

原来，这南零水可不一般，那是一股正处于长江江心漩涡之中，从地下涌出的泉水，通常只有在子、午两个时辰内，用长绳吊着铜瓶或铜壶，深入水下才能取到。倘若深浅不当，或时间错前错后，都得不到真正的南零泉水。而此时的李季卿决意要品尝一下茶圣、美泉配佳茗的滋味，于是派遣了一位可靠的军士，提着打水器具，赶在正午时，前去南零取水。

元·赵原《陆羽烹茶图》

过了不久，那军士取水而归，陆羽舀了一瓢，一尝水的滋味就说："江水倒的确是江水，但不是南零水，好像是临着岸边的水。"那军士急忙为自己辩解说："我驾着小舟划到江中，好几百个人都看见了，好不容易从江心的南零取到了水，怎么会是假的呢？"陆羽一声不响，将水倒掉半壶，再尝了一口，才点头说道："这才是南零之水呢！"那军士听了这话，大惊失色，没想到陆羽有如此品水本领，惊为天人，不敢再隐瞒，只好从实相告。原来，军士的确取到了一壶南零泉，因江面风急浪大，小船颠簸，上岸时，一壶水晃出将近一半。再返回去取，已经过了时辰，于是就用江边的水加满一壶回来了，不想竟被陆羽识破。

陆羽辨水的故事就此而止，人们说起这个故事总是感叹茶圣神乎其技的天赋，但会认为那是一种显而易见的虚构之美。我却相信这个故事是真实的，那是一种中国人的感官科学，神秘经验。我们的感官能在多大的程度上像"茶圣"陆羽那样准确地体察、感知这个丰富的外部世界呢？

"书圣"与"茶圣"

　　陆羽虽然隐居山野，不入红尘，但交友甚多。安史之乱后陆羽来到湖州定居下来，与一代名臣、大书法家颜真卿结为好友，这就有了"三癸亭"的故事。

　　陆羽写完《茶经》后十年，湖州来了一位新任刺史，这就是安史之乱时组织勤皇义军并且以书法闻名天下的颜真卿。

　　唐代的州刺史有保护隐士、文人的职责。隐士、文人在刺史辖区穷迫而死，在当时是颜面无光的事。当然，每位刺史个人对文化的认识，以及在文化上的投入是不一样的。颜真卿自己就是一位大文人，因此十分关心地方上生活不稳定的文人隐士，希望能使他们获得固定的收入。来湖州上任之前他早已读过《茶经》，到湖州后听说"茶圣"陆羽就隐居在此，十分倾慕，就去拜访。文人之间惺惺相惜，一见如故，成为茶中知己。

　　颜真卿见陆羽一直借宿在皎然和尚的妙喜寺中，于是拿出自己的私财为陆羽建造了一座可供居住的亭子。作为隐士的住处，虽然并不豪华，却别有意境。陆羽也因此有了更好的容身之所。这座亭子落成之日，颜真卿、皎然、皇甫冉、张志和、孟郊、李冶等人都聚在一起为陆羽庆祝，陆羽煎茶，众人品茗联句，乐而忘返。那一天，正巧是癸年癸月癸日，这座亭子因而取名为"三癸亭"。

陆羽虽然有了住处，但生活依然缺乏安定。隐士高人虽然不慕荣华，但并非不食人间烟火，没有固定的收入就不能够潜心研究。颜真卿想接济陆羽，可陆羽是一个自尊心很强的人，"精行俭德"的背后，是自尊心的支撑。大概在这个时候很难考虑修撰地方志，颜真卿就策划编修了《韵海镜原》这样一部大著作。这大概是从古今文献中搜寻佳句，以韵分类的辞典。可惜这部《韵海镜原》虽然完成，但并未留存至今。编修《韵海镜原》是一个长期的工作，参与其中的文人在一段时间内，都会有一些报酬来保障生活。陆羽和皎然都参与了这一工作的策划。陆羽通过茶追求生活的美，这是一种人格化的把握，依赖于直观。而颜真卿分配给他的任务则是一种分析的工作，这种从细部入手的工作方式与他之前接触到的有所不同，这可能更加磨砺了陆羽的审美意识。

颜真卿年事已高，他内心向往着悠然自得的生活。他与陆羽、皎然、张志和等文人可以快乐地聚会，以《韵海镜原》编修会的名义会饮作诗。有时候也和知心的朋友们一起游山玩水。有一次，大家一块儿去杼山游玩，陆羽于此折青桂花赠颜真卿。

没过几年颜真卿调回朝廷，回到长安时已经六十九岁了，他历任刑部、吏部尚书，最后官至太子太师。刚直的颜真卿决意继续在朝廷为国为民效劳，此后直至七十七岁，为国家壮烈捐躯。他在湖州做官只有五年，但在他跌宕起伏的一生中，与陆羽等茶人在湖州品饮的时光，可以说是他最幸福的时期。

此后，陆羽不断完善自己所创立的茶文化体系，应该说是颇受颜真卿人格影响的。颜真卿在赴任湖州之初，即为陆羽建造三癸亭，不就意味着他也将茶的理想等同为自己的文人理想了吗？

"茶圣"之恋

"茶圣"陆羽孑然一身，在历史上似乎始终是一个孤独的身影。那么陆羽究竟有没有过爱情呢？他与当时最负盛名的女诗人李冶之间是怎样的一种关系呢？

故事要从一条太湖之上的夜航船说起。安史之乱即将结束的一个月圆之夜，在太湖强盗的船上，一群文人被绑架了，其中就有陆羽，此外，还有陆羽的知交好友皎然和尚，以及朱放、阎伯钧和常伯熊。而在另一个船舱之中，风流女道姑李冶为了搭救他们正在与强盗头子划拳赌酒。

这李冶，字季兰，浙江湖州人，是当地开元观的女道士。她虽是个修道之人，却风流浪漫，又才华横溢。说她有才华，是因为她是唐代四大女诗人之一，长得美貌，琴又弹得极好。说她风流，是因为她与文人才子们多有情感纠葛，船上这群文人，除了陆羽，都曾与李冶有不同程度的交往。也正因此，李冶才赶来搭救，用自己的酒量和才情救下了一船的"旧情人"。在与强盗周旋的时候，李冶发现只有陆羽一人内心纯真，心中只有茶，仿佛超脱了生死，从此对他另眼相看。

此后，陆羽住在皎然的妙喜寺里。一天，两人正在品茶，李冶前来拜访。原来她是来告知陆羽，宣慰江南御史大夫李季卿要来此地，为朝廷考察贡茶，并寻访天下茶人。因此要安排陆羽与常伯熊举行斗茶，希望陆羽能够精心准备。却被清高的陆羽奚落了一番。李冶不仅不生气，反而更加对陆羽敬重不已，暗生情愫了。

几日后，斗茶就在李冶的开元观举行了，李季卿大人驾到，却迟迟不见陆羽。倒是常伯熊先到了，他从头到脚精心打扮，头戴乌纱帽，身着黄被衫，煎茶所用的一应器具都是金光闪闪，价值连城。这位茶艺的祖师爷，口吐莲花，妙语如珠，为李季卿及众人表演了一出颇有噱头的茶艺，博得了李大人的好评。

这时陆羽赶到了。李季卿再请陆羽煎茶，陆羽褐衣野服，茶器质朴，茶道无不显出"精行俭德"之意。李季卿由衷赞赏，叫下人拿钱打赏陆羽。在陆羽心目中，茶道是至高无上的。用钱来换茶道，是现实世界对茶圣内心一种莫大的羞辱。此时湖北天门来信，师父智积禅师圆寂，顷刻间陆羽悲愤交加，回去后就写了《毁茶论》，决心与茶辞别。

陆羽隐居在苕溪畔，常常驾着一叶扁舟，来往于山间的寺庙，一身行头只是纱巾、藤鞋、短褐、围裙。往往独自在山野中行走，他大声地诵出自己写给师父的《六羡歌》："不羡白玉盏，不羡黄金罍。亦不羡朝入省，亦不羡暮入台。千羡万羡西江水，曾向竟陵城下来。"我不羡慕拥有白玉的茶盏，也不羡慕拥有黄金的酒樽；我不羡慕入朝为官，更不羡慕官居一品；但我多么羡慕那自由流淌的西江之水呀！能时时刻刻流向那生我养我的竟陵城！他或用拐杖敲打着林木，长歌当哭，或用手抚弄流水，犹豫徘徊，从清晨到黄昏，甚至到天黑了，尽兴了，才放声痛哭着回家。

李冶找到了陆羽，两人互述了不幸的身世与坎坷的命运，相似的经历让两人在悲痛中惺惺相惜。陆羽在李冶的劝说鼓励下明白了，要通过爱茶自爱与爱人，领悟了茶道的真意。

此后，陆羽名闻朝野，研制的顾渚紫笋被朝廷列为贡茶。唐德宗赏识其才，诏拜他为"太子文学"，他不就职。不久，又改任为"太常寺太祝"，他依旧不从命，还是潜心于茶学。

公元 780 年，在皎然支持下，《茶经》付梓，印刷成书。那一年陆羽游太湖，专门拜访了女道士李冶。李冶当时还在病中，见到陆羽真是说不尽的悲欣缠绵。写了一首《湖上卧病喜陆鸿渐至》的小诗相赠。

两人原本也许可以煎茶论诗，携手终老。但李冶一生的志向与陆羽不同，她渴望强大的世俗世界能够承认她的才华，终于应诏入宫。却逢宫廷政变，叛将逼迫，不得不向逆贼献诗。皇帝平叛归来，李冶尚在宫中，天真地以为她还能继续她的理想，却被无情的君王下令乱杖打死，一缕香魂就此断绝。而孤独的茶圣，终生未娶，与茶共老，七十二岁在湖州青塘别业辞世。

这个故事实则是由作家王旭烽所演绎，已经成为一台话剧搬上舞台，名为《六羡歌》。

李冶的价值坐标是人，而陆羽的价值坐标是自然，这是他们最终没能走到一起的原因吧！《红楼梦》中的贾宝玉是"情情"，对那些有情感的人动情，而林黛玉是"情不情"，对那些没有情感的事物也一样动情。境界高下立判。"茶"字的写法被陆羽定了下来，草木之间一个人，他正是草木之人，他对草木、对茶，又何尝不是真情？

境会亭

位于太湖西岸的江苏省宜兴市，秦汉时期被称为阳羡，产名茶。陆羽所在的湖州位于太湖南岸，距离宜兴非常近，产紫笋茶。陆羽曾经说过："应该把当地所产如此好的茶贡献给天子！"于是自唐代起，紫笋茶与阳羡茶便被作为贡品。由于贡茶要从常州和湖州两个地方采收，所以这两个州的刺史就成了贡茶的共同负责人。每年的农历三月是采茶时节，此时两州官员要聚集到两州交界的顾渚山上，共同负责制茶和运送的监督工作。于是便在这个地方修建了一座亭子叫做"境会亭"。

采茶的工人有三万多，制茶的工人有一千多。官员们还把花枝招展的艺伎带到山上，竖起彩旗，用彩色的帷幔围起来，在里面饮酒作乐。也有的官员从山上下来，泛舟太湖，在画舫里欢宴，通宵达旦。官员们也通过贡茶层层盘剥，中饱私囊。

还不光是负责贡茶的官员们喝酒游乐，茶的进贡任务也十分繁重。上等的贡茶，刚刚萌芽就必须尽可能多地采集，并要尽快送到长安。如果是作为献给皇室祭祀用和赐予近臣的贡品更不得了，必须要赶在清明之前送到。长安人一般很少能在清明喝上新茶，而宫中却可以在此时品尝到紫笋茶，这充分显示出了区别于一般庶民的优越感。

从太湖湖畔到长安，昼夜兼程，快马加鞭，也至少需要十天。也就是说必须要在清明前十天送出。这就是所谓的"急程茶"。

因为是要送给那些生活奢侈的官员们享用，所以不管多急都要保证质量。进贡的业绩关系到相关官员的仕途。有一次湖州的刺史由于进贡不利就被革职了。那些一心想往上爬的官员，当然要在茶的品质上煞费苦心，请来茶鉴定师，听取他们的意见。为了从他们那里获得选茶的指导，就要在境会亭大摆筵席款待这些专家。席间，经过多次讨论，多次试验，茶的质量得到了不断的提高。贡茶的规模也不断扩大，进贡量由五百斤增加为两千斤，最后竟多达一万八千四百斤！

可是，在这些热闹的背后，繁重的贡茶任务可就苦了百姓了！从太湖到长安，如果仅用十天赶到的话，途中必然十分辛苦。半夜里还要不停地催促壮丁赶路。最好的贡茶都必须采自野生茶，这些茶树通常生长于山的斜坡上，所以采茶工作不像我们想象的那样，在生长得差不多高、排列整齐的栽培茶树旁一边唱歌一边采茶，而是要走在令人胆战心惊的悬崖峭壁上，找寻散生的茶树。采茶人往往手和脚都被割破，布满了伤口。茶树还未发芽时，朝廷的使者就开始不停催促了。还要让采茶工半夜擎着火把，带着鼓，到山上去击鼓喊茶。到了期限如果还没有收齐的话，遭殃的不只是被革职的官员，更痛苦的是那些在官员们的皮鞭下干活的老百姓。

只因为陆羽曾说过"其地之茶与其地之水最合"，顾渚山的金沙泉水也必须一并进贡。据说这里的泉水在贡茶采摘时节就会涌出，而等进贡结束后便会干涸，真是不好对付。盛水的器皿必须是银器，于是便要生产大量的银瓶，因为这是皇帝的旨意，就不需要付钱给制银器的人。有些贪官污吏往往会谎报数量，多出来的银瓶便被他们中饱私囊。包茶用的"龙袱"（画有龙图的方巾）、"龙袋"以及特制的木箱都被作为实物纳税，不支付任何费用。灾难便也殃及这些工人。在到长安昼夜兼行的运送途中，沿途居然也会被勒索高额的财物。而相关官员从中捞取好处，最稳妥的大概是可以借机向亲朋好友赠送茶叶。似乎只要是量少，也就睁一只眼闭一只眼了。

曾坐在境会亭长官席上的有我们所熟知的大诗人杜牧。经常游荡于扬州妓院的杜牧实际上承担着养活一个大家族的重担，其中还有一个失明的弟弟。那一年所有贡茶都送出了。杜牧写了一首诗《题茶山》，现在有名的两句是"山实东南秀，茶称瑞草魁"。当年冬天他便被召回长安并于第二年去世，也再没去过境会亭。

晚年的陆羽已经看到了大唐贡茶辉煌背后的内幕，就像爱因斯坦看到了原子弹的爆炸一样，他内心一定十分痛苦。

上清善煎茶

上清是唐代一位婢女的名字，她善于煎茶，因此也就引出一段不凡的身世与奇缘。

上清原本是唐德宗时期宰相窦参家的婢女，这位宰相十分宠爱她。当时丞相府第在光福里的时候，窦参常常与上清在月夜的中庭闲步，上清煎茶与窦参饮，恩义绵绵。

好景不长，宰相窦参很快就在唐德宗面前失宠，朝中的政治斗争原本险恶异常，窦参被政敌陆贽所告，唐德宗一怒之下竟然赐了这位宰相自尽。窦参自知他的政治生涯将尽，在自尽之前秘密地嘱咐上清："将来入宫，凭借茶艺的绝技得幸于皇帝，为我辩解，还我以清白。"说罢，诀别赴死。

唐德宗将窦参的家产及奴婢尽数查抄，没收入官。婢女上清自然也就进了宫中，主人的宠爱与含冤自尽前的嘱托，她自然是永远也不能忘怀的。果然，上清很快凭借着能够煎出一手好茶，得到了唐德宗的赏识与宠幸。

几年后，上清与德宗皇帝交谈自如，常常为他煎茶，德宗已经离不开她了。有一天，德宗忽然问道："这皇宫中婢女的人数不少，你当初是怎么进宫的？"上清发现机会终于到了，于是说明了自己原本是已故丞相窦参家中女奴的身份，并向德宗言明了旧主人的苦衷，为他辩诬，并把自己入宫的原委一一说明。唐德宗听得目瞪口呆，却实在是佩服这位善于煎茶的美人竟然有这样的忠义与才能、忍耐与勇气，于是下诏为窦参平反昭雪，还给了上清特赦，削其丹书，让她去做女道士。最终，上清嫁给了一个叫金忠义的为妻，得到了自己的幸福。

从此历史上给婢女冠以一个雅称，就叫"上清"。"上清"者不也就是茶的意境吗？

《茶经》 换马

唐代末年，藩镇割据，战乱四起，各地举旗与唐王朝对抗。朝廷为平息叛乱，急需调军用马匹。而地处西北边境的回纥，多食牛羊肉为生，需要茶叶以助消化。回纥不产茶，却出产宝马，所以每年派使者到唐王朝来以马换茶。

有一年，唐王朝按过去的惯例，派使臣带上大批茶叶，囤积边关，准备回纥使者来此以马换茶。但几天过去，却迟迟不见回纥客商与使者前来。为此，唐朝使臣好生纳闷，到边关的城楼上去远望，发现远处有大量马匹。于是，使臣命士卒打开边关大门，迎接回纥使者进关交易。回纥道："今年想与大唐换一种茶书，叫做《茶经》。"唐使当时还没有见过这本书，但又不好明言，只好随口问道："你们打算用多少马匹，换我们这本《茶经》？"

哪知回纥使者答道："用千头良马，换一本《茶经》，如何？"

唐使大吃一惊，忙问："这是不是你们可汗的旨意？"

回纥使臣回答说："我身为使者，当然遵照可汗的旨意行事，绝无半点戏言。"

于是，两位使者写了约定，画押签字，说好不得违约。随后，唐使快马加鞭，披星戴月，赶回京城长安，急忙禀告皇上。皇帝立即传下圣旨，寻找《茶经》。但不知何故，翻遍书库，都没有找到《茶经》。为了如期履约，朝廷赶紧召集群臣商议。这时，有位大臣站出来奏说："几年前，听说浙江湖州有个叫陆羽的，他是个茶人，写过一本《茶经》。又因他是山野之人，所以谁也没有重视他和他写的《茶经》。如今，只有到江南湖州陆羽的居住地去寻找了。"

为此，朝廷立刻选派要员，去湖州苕溪一带寻找陆羽和他的《茶经》。到了湖州，陆羽早已仙逝，他的寓居青塘别业也已破败。经当地乡民指点，杼山妙喜寺有个和尚，和陆羽交往甚笃，也许在那里能找到《茶经》。官员到了妙喜寺，才知那个和尚就是大名鼎鼎的诗人高僧皎然上人，但他也早已圆寂。寺僧告诉官员说："听师父讲过，《茶经》在陆羽活着时，就被带到家乡湖北竟陵去了。"

官员听后，连夜上路奔赴竟陵，就去西塔寺寻找。西塔寺的和尚说："陆羽在世时，写过不少书，听说他带到浙江湖州去了。"

官员一听，好不丧气，只好回京师复命。这时，只见一位书生模样的青年，一步上前，拦住马头，大声说："吾乃竟陵皮日休，要向朝廷献宝！"

官员问他："你有何宝可献？"

青年皮日休捧出《茶经》三卷，献给官员。官员大喜，急忙下马，双手捧住，揣在怀里，说道："我到京师后，一定向朝廷推举你，这个《茶经》你可有留底？"

皮日休说："还有抄本，正准备请人刻印。"

随即，官员回朝交差，又急忙来到边关，把《茶经》递给回纥使者，回纥使者如获至宝，马上就将千头良马如数点交给了唐使。从那以后，《茶经》就传到回纥，之后又传到国外，有了多种文字译本，《茶经》换良马的传说，也就一直传诵了千百年。

《茶经》不但有着左右战争与和平的力量，还可贵在有人能够代代相传。故事中这位关键时刻献上《茶经》的年轻人皮日休，日后受到朝廷的重用，并成为晚唐时期最著名的诗人。他与陆龟蒙齐名，并称"皮陆"，这二人的文章被鲁迅先生誉为唐末"一塌糊涂的泥塘里的光彩和锋芒"。同时他们也是继"茶圣"陆羽之后的一代大茶人。

"甘露之变"卢仝罹难

陆羽之后，卢仝被后世推为茶中"亚圣"。卢仝号玉川子，祖籍范阳（今河北涿县），"初唐四杰"之一的卢照邻是他的曾祖父。卢仝的诗作，以品格清高、回味隽永为后人所推崇。他的"七碗茶歌"是《走笔谢孟谏议寄新茶》中最精彩的部分，成为脍炙人口的茶诗杰作：

> 一碗喉吻润，二碗破孤闷。
>
> 三碗搜枯肠，惟有文字五千卷。
>
> 四碗发轻汗，平生不平事，尽向毛孔散。
>
> 五碗肌骨清，六碗通仙灵。
>
> 七碗吃不得也，唯觉两腋习习清风生。
>
> 蓬莱山，在何处？玉川子乘此清风欲归去。

卢仝之死一直是一个谜，宋元文人笔记中记载卢仝之死乃"罹甘露之祸"。

从唐代开始，国家对民间茶叶贸易实施交税制度。茶叶税如同盐铁税一般重要，成了国民经济的命脉。中唐时期，文宗太和九年（公元835年），当时任宰相的王涯奏请榷茶，自兼榷茶使，命令民间茶树全部移植于官办茶场，实行统制统销，同时将民间存茶，一律烧毁。这一法令刚一颁布，立即遭到全国人民的反对，王涯十月颁布榷

茶中"亚圣"——卢仝

茶法令，十一月就为宦官仇士良在"甘露之变"中所杀。

事情大致经过是这样的：当时宦官仇士良专权，二十七岁的唐文宗不甘为宦官控制，于是宰相李训等人与凤翔节度使郑注密谋内外合力，欲铲除宦官集团。那年十一月二十一日，早朝于紫宸殿时，金吾大将军韩约奏报左金吾仗院内石榴树上夜降甘露。李训等建议：天降祥瑞，又近在宫禁，皇帝宜亲往一看。于是，文宗前至含元殿，命宰相和中书、门下省官员先往观看。官员们回来，奏称疑非真甘露。文宗乃再命宦官神策军左右护军中尉仇士良等，带领宦官去察看。

等仇士良到左金吾仗院时，见韩约惊慌失措，又发现幕后埋伏了武装士兵，慌忙退出。李训等本想以观看甘露为名，将宦官诱至金吾仗院，一举歼灭，不料计划失败。宦官退到含元殿，迫使文宗乘软舆入内宫。李训急呼金吾卫士上殿保驾，一面攀舆高呼"陛下不可入宫"。金吾卫士数十人和京兆府吏卒、御史台人约五百人登殿奋击，宦官死伤数十人。但这时宦官已将李训打倒地上，抬着文宗进入宣政门，将门关闭，朝臣一时惊散。李训见事败，出宫单骑走入终南山佛寺中。宰相王涯等人却不明真相，退到中书省等候文宗召见。

宦官挟持文宗退入内殿后，立即派遣神策军五百人，持刀出东上阁门，逢人即杀，死者六七百人。接着关闭宫城各门搜捕，又杀千余人。李训、王涯、韩约等先后被捕杀。

出事时王涯与同僚们还在中书省一块儿吃饭，还没下箸，疾报有兵从门口出现，逢人即杀。王涯等仓皇逃出，跑到永昌里茶肆时被禁军所擒，在仇士良严刑拷打下，自诬与李训同谋，然后被腰斩弃市。王涯家属全被搜捕处死，灭门时卢仝与诸客在王涯书馆里吃饭，所以就留住了下来。官兵来抓捕他时，卢仝说："我是卢山人也，与众人没有结怨，我有什么罪啊？"官兵说："既然是山人，为何来到宰相宅，难道还不是罪吗？"卢仝不能自辩，最后同罹甘露之祸。卢仝年老无发，宦官们就在他脑后敲入一根钉子。卢仝生儿子时给他起了个名字叫添丁，后人认为这是应了谶语。原本与世无争的大茶人竟然被如此残忍地无故杀害了。

王涯的灾祸是因茶而起，当世的大茶人卢仝平白无故地因茶蒙难，这个故事似乎有几分基督受难的意味。但许多后人并不相信卢仝会这样惨死，感慨道："仝处士，与人无怨，何为此谤？"卢仝是一位茶仙，如他诗中所言：蓬莱山，在何处？玉川子乘此清风欲归去！

陆卢遗风

旧时，江南一带的茶叶店，厅堂正中，往往挂一块牌匾，上书"陆卢遗风"四字，有的还挂有"陆卢经品"的金字招牌。这是为了纪念陆羽、卢仝两位品茶名家。

在中国民间，人们誉陆羽为"茶圣"，称卢仝为"亚圣"。陆羽、卢仝两人，曾为茶的普及与发展，做出了卓越的贡献。民间还有沏上一碗茶，祭拜茶圣陆羽的习俗。开茶叶店的商贾更是如此。清明后，新茶陆续上市，以茶奉神，有预祝今年茶叶生意兴旺之意。

这"陆卢"两位茶圣人在茶俗中还流传着这样一个民间故事：

有一天，陆羽提着一只竹篮，上盖一块白布，走到一个大户人家门口，忽然闻到扑鼻的茶香，于是，陆羽上前向门公"乞茶"吃。门公不知其意，反问一句："是讨茶吃吗？"陆羽又说道："是求门公赐茶。"门公感到好生奇怪，从没见过这样一个相貌堂堂、眉清目秀的人会讨茶吃，就倒了一碗茶给他。香茶一上口，陆羽暗暗称赞："好茶！"

接着，陆羽又对门公说："烦劳门公，此茶甚好，我想求见主人。"门公看此人不同凡俗，便进去禀报。这时，主人卢仝正在书房看书品茶。忽见门公来报："有人求见乞茶！"卢仝一听，心想哪来乞茶的叫花子？便问："讨什么？"门公急忙答道："乞茶，乞茶！"卢仝心中奇怪，便说："就让他进来吧。"

门公将陆羽带到书房，卢仝抬头一看，只见来者端庄文静，非同一般，便拿出一些上等香茗，递给陆羽品尝。陆羽接过茶，先闻香，顿觉茶香四溢；再尝味，又觉口舌生津有余甘，便连连称赞。可接着又说："可惜，可惜！"卢仝忙问："可惜什么？"陆羽摇摇头说："可惜茶器不好。"卢仝便好奇地反问道："有劳先生指教！"这时，陆羽提起竹篮，揭开白布，只见里面放的一只茶盘、一把茶壶、四只茶盅。陆羽指指这些茶器说："用你的茶器泡茶，只能屋里香。用我的茶器泡茶，可以使几间屋子里外生香。"卢仝不信，可一试，果真如此。

这时，卢仝方知陆羽是个有学问的人，两人便结拜为兄弟。从此以后，陆羽和卢仝，乞茶求艺成"两圣"，就在民间传开了！

历史上的陆羽并非故事中的"相貌堂堂，眉清目秀"。他生于公元733年卒于804年，而卢仝生于795年卒于835年，算起来卢仝九岁时，陆羽已经去世，两人不可能结拜兄弟。唐代是煎茶法，所用茶器更不可能是茶壶与茶杯了。但这个民间故事还是赋予了茶一种美好的愿望，茶圣与亚圣之间的那种精神上的传递关系。而事实上，中国的千年茶文化也正是由于这种内在的传承性，才发展到了今天。

三个和尚有茶喝

中国有个故事叫"三个和尚没水喝"，那么"三个和尚有茶喝"是怎么回事呢？原来中国的茶最早传到日本，是三位日本和尚的功劳，他们是最澄、空海与永忠。

公元 815 年，在中国是唐朝的宪宗当政，而在日本则是平安朝的嵯峨天皇临朝了。那一年的闰七月二十八日，一位到中国留学两年后归来的僧人空海，给天皇上了一份《空海奉献表》，其中说到："……茶汤坐来，乍阅振旦之书。"这就是日本人最早的饮茶记录了。

就在空海录茶之前的十年，已经另有一位名叫最澄的高僧，从中国带去了茶籽，种在了日本日吉神社旁边。这便是日本最早的茶园了。这个茶园直到今天还完好无损地保留着。

这两位大法师，前者创立了日本真言宗，后者创立了日本天台宗。他们与天皇的关系都很好。他们之间，从前的关系也是极好的，并且一同去了中国学佛。最澄还与他的弟子泰范，一起拜了空海为师。谁知这么一来二往的，那泰范干脆不要自己的师父，跑到空海那里去了。最澄怎么办呢？他想到了茶，一口气给从前的徒弟寄了十斤，想以此唤回那颗远去的心。然而没有用，因为空海也有茶。

必须再说清楚，即便是这两位大法师，他们也不是日本历史上最早与茶接触的人，真正写下了日本饮茶史上第一页的是一位名叫永忠的高僧。他在中国生活了三十年，说起来，和中国的"茶圣"陆羽还是同时代的人。这个幸运的日本僧人在中国的寺院中大品其茶时，中国文人开始了他们那手捧《茶经》，坐以论道的茶的黄金时代。

最澄入唐图

　　日本僧人永忠回国之后，在自己的寺院中接待了嵯峨天皇。他双手捧上的，便是一碗东土而来的煎茶。自此，平安朝的茶烟，便开始弥漫起高玄神秘的唐文化神韵。大和民族的诗人们吟哦着："萧然幽兴处，院里满茶烟。"

　　在那个时代，日本这个岛国的人民，以一种前所未有的心态崇唐迷汉，从中国来的一切东西，都让他们心醉神迷，而那相当稀罕的茶，一时成了风雅之物。自然，在当时，茶是和日本的贵族联系在一起的，民众未到登场之际。而伴随着茶之意象的，则是一幅幅奇幽的画面——深峰、高僧、残雪、绿茗，正是这些画面，形成了弘仁茶风，也为日本茶道的确立提供了前提。日本茶道的确与中国的茶学有着儿女与母亲般的血缘关系。

水递二泉

中国最有名的二胡曲要数瞎子阿炳的《二泉映月》，这个"二泉"指的就是位于江苏省无锡市西郊惠山山麓锡惠公园内的惠山泉。

相传唐代"茶圣"陆羽亲品其味，故又名陆子泉。陆羽评定了天下水品二十等，惠山泉水被列为天下第二。随后，刘伯刍、张又新等唐代著名茶人均推惠山泉为天下第二泉。中唐时期诗人李绅曾赞扬道："惠山书堂前，松竹之下，有泉甘爽，乃人间灵液，清鉴肌骨。漱开神虑，茶得此水，皆尽芳味也。"宋徽宗时，此泉水成为宫廷贡品。元代翰林学士、大书法家赵孟頫专为惠山泉书写了"天下第二泉"五个大字，此五字石刻至今仍完好地保存在泉亭后壁上。清代乾隆皇帝再次御封惠山泉"天下第二泉"。

明·文徵明《惠山茶会图》

惠山泉如此有名，与它适合煎茶是分不开的。泉水通过岩层裂隙过滤了流淌的地下水，因此其含杂质极微，"味甘"而"质轻"，宜以"煎茶为上"。

就是这与世无争的一泓泉水，竟也与政治人物扯上了关系。

晚唐武宗时期有一位宰相叫李德裕，他在政治上颇有作为，但度量不宽。在有名的"牛李党争"中，李德裕是李党的领袖，与牛党领袖牛僧孺等人相互排斥、倾轧长达二十多年，最终败落，被贬为崖州（今海南琼山东南）司户，郁闷而卒。而李德裕当朝时在生活上的奢侈过度，也遭来了非议和抨击。

李德裕十分爱茶，特别善于鉴别泉水。宋代唐庚在《斗茶记》中讲述了一则李德裕嗜惠山之泉成癖，而不惜代价以求的故事。无锡与当时的京城长安远隔千里，惠山泉是万难喝到的。于是李德裕用宰相的权势，传令在两地之间专门设置驿站，建起了一条专门运输惠山泉的线路。从惠山汲泉后，即由驿骑站站传递，停息不得。时人称之为"水递"。

后来有位僧人对李德裕说："我已为宰相您通了一条'水脉'，现在京师长安城里有一眼井，其水与惠山泉泉脉相通，汲之以烹茗，那味道一点不差。"李德裕听了十分惊异，问："这井在城里什么地方？"僧人说，在昊天观后面。

李德裕大笑其荒唐，为了辨别僧人之言的真伪，便暗地派人取来惠山泉和昊天观井水各一瓶，做好记号，混杂在其他八瓶水中，让僧人辨认。这位老和尚确实有非凡的本事，一一品赏之后，很快从中取出两瓶。李德裕揭开记号一看，正是惠泉水和昊天观水。他大为惊奇，不得不信。于是，再也不用"水递"来运输惠泉水了。

明代的大茶人屠隆在《考槃余事》中对此事更是一针见血地指出："清致可嘉，有损盛德！"茶道贵自然，茶人贵"精行俭德"，穷奢极欲地追求茶，正是与茶的本性南辕北辙，今人也该引以为戒。

吃茶去

唐朝时，有两位僧人从远方来到赵州，向赵州禅师请教什么是禅。赵州禅师问其中的一个："你以前来过吗？"那个人回答："没有来过。"赵州禅师说："吃茶去！"

赵州禅师转向另一个僧人，问："你来过吗？"这个僧人说："我曾经来过。"赵州禅师说："吃茶去！"

这时，引领那两个僧人到赵州禅师身边来的监院（寺院的管理者之一）好奇地问："禅师，怎么来过的你让他吃茶去，不曾来过的你也让他吃茶去呢？"

赵州禅师称呼了监院的名字，监院答应了一声，赵州禅师说："吃茶去！"

一句"吃茶去"，一碗"赵州茶"，代表着赵州禅师的禅心。禅的修证，在于体验和实证。语言表达无法与体验相比。参禅和吃茶一样，所谓如人饮水，冷暖自知，别人说出的，终究不是自己的体悟。赵州禅师不论面对什么问题，都回答一句"吃茶去"，是打断了对方的逻辑，跳脱出世俗的念头，看似荒诞无稽，实则是明了诸行无常、诸法无我。

赵州禅师（778—897年），法号从谂，是禅宗史上一位震古烁今的大师。他幼年出家，后得法于南泉普愿禅师，为禅宗六祖惠能大师之后的第四代传人。唐大中十一年（857年），八十高龄的从谂禅师行脚至赵州，受信众敦请驻锡观音院，弘法传禅达四十年，僧俗共仰，为丛林模范，人称"赵州古佛"。其证悟渊深、年高德劭，享誉南北禅林，与雪峰禅师并称"南有雪峰，北有赵州"，被誉为"赵州眼光烁破天下"。赵州禅师住世一百二十年，圆寂后，寺内建塔供奉衣钵和舍利，谥号"真际禅师"。

赵州禅师"吃茶去"的公案开启了"禅茶一味"的先河，禅茶之道深深融入中国乃至东南亚各国人民的日常生活，至今在韩国、日本等国家的一些茶馆还悬挂着"吃茶去"的书法，供奉着赵州禅师的画像。

苦口师

茶有许多别称，比如忘忧草、王孙草、晚甘侯、不夜侯，还有一个名称叫做——苦口师。这个别称的由来就要讲到晚唐的几位大诗人，同时又是大茶人的故事了。

在唐朝的文人中，有两位十分地道的茶客，一是皮日休，一是陆龟蒙。皮日休和陆龟蒙是在苏州相识的。相识后，二人便时常以诗唱和，久而久之，成了很要好的朋友。二人在文学与品茶方面的造诣在当时都堪称杰出，时人称他们为"皮陆"。

在他们的唱和诗中大量涉及茶，皮日休有《茶中杂咏》十首之多，陆龟蒙有《奉和袭美茶具十咏》。他们在姑苏这样一个美丽的地方烹茶品茗，且又一唱一和，如此情调，令人羡慕不已。

皮日休和陆龟蒙的十首唱和诗，分别有茶坞、茶人、茶笋、茶籝、茶舍、茶灶、茶焙、茶鼎、茶瓯、煮茶十题。

皮日休在《煮茶》诗中这样唱道：

香泉一合乳，煎作连珠沸。

时看蟹目溅，乍见鱼鳞起。

声疑松带雨，饽恐烟生翠。

傥把沥中山，必无千日醉。

陆龟蒙针对皮日休的《煮茶》诗是这样应和的：

闲来松间坐，看煮松上雪。

时于浪花里，并下蓝英末。

倾余精爽健，忽似氛埃灭。

不合别观书，但宜窥玉札。

如此一唱一和，把文人饮茶表现得妙趣横生，更把彼此间那种品茗的意趣刻画得入木三分。

皮日休之子皮光业，字文通，自幼聪慧，十岁能作诗文，颇有他父亲的风采。皮光业容仪俊秀，善于言谈，气质风流倜傥，是神仙一般的人物。公元937年，吴越国天福二年，他被拜为丞相。

宋代陶谷《清异录》中就记载了一个故事。说这位皮光业最沉迷于茗事。有一天，皮光业的表兄弟请他品赏新鲜的橙子，并设宴款待。那天，朝廷显贵云集，筵席非常丰盛。皮光业一进门，对新鲜甘美的橙子视而不见，急呼要茶喝。于是，侍者只好捧上一大瓯茶汤，皮光业手持茶碗，诗兴大发，即兴吟道："未见甘心氏，先迎苦口师。"席间众人都笑着说："这样的老师固然清高，却是吃不饱啊！"

从此茶就有了"苦口师"的雅号。在生活中，在生命中，我们是常常选择甜美的橙子呢，还是选择苦茶？我们是常常选择满足物欲呢，还是选择精神生活的丰富？皮光业就不假思索地做出了选择，苦口师不愧是"师"啊！

白居易品茗韬光寺

白居易，唐朝极负盛名的大诗人，也是一位很有品位的茶人。据统计，白居易存诗两千八百首，其中以茶为主题的有八首，叙及茶事、茶趣的有五十多首，共有茶诗六十多首。

白居易终生、终日与茶相伴，早饮茶，午饮茶，夜饮茶，酒后索茶，有时睡下还要索茶。白居易对茶叶、水、茶具和煎茶的火候等，都有特别的讲究。有诗为证："坐酌泠泠水，看煎瑟瑟尘。无由持一碗，寄与爱茶人。"他烹茶，喜用山泉，但最爱的水是雪水，他说："吟咏霜毛句，闲尝雪水茶。"

白居易对茶激发诗兴的作用说得很实在："起尝一碗茗，行读一行书。""夜茶一两勺，秋吟三数声。""或饮茶一盏，或吟诗一章。"这些是说茶助文思，茶助诗兴，以茶醒脑。反过来，吟着诗，饮茶也更有味道。在白居易的日常生活中，尤其是在写作中，他几乎是离不开茶的，为了这个，他写道："闲吟工部新来句，渴饮毗陵远到茶。"

白居易在九江做司马的时候，有一天收到了四川忠州刺史李宣给他寄来的一包新茶，品后，正在病中的他欣喜莫名，顿感病情好了许多，即刻提笔赋诗一首："故情周匝向交亲，新茗分张及病身。红纸一封书后信，绿芽十片火前春。汤添勺水煎鱼眼，末下刀圭搅曲尘。不寄他人先寄我，应缘我是别茶人。"从这首诗里可以看出，白居易在收到新茶时的心情实在是高兴，同时也对朋友赠茶表示了深深的感激之情。

在九江期间，白居易闲暇无事时，就开垦荒地，自己种植茶树。后来，白居易到杭州任刺史，这期间，他时常邀约朋友吟诗饮茶，尤其经常与韬光禅师一道汲泉煮茶，笑谈古今。白居易一生爱诗、嗜酒、癖茶、好琴，这使得他的人生有了许多乐趣，到了晚年，他似乎更加离不得茶了，因为他写道："老去齿衰嫌橘醋，病来肺渴觉茶香。"

白居易品茗韬光寺

杭州韬光寺位于灵隐寺西北巢构坞，是蜀地名僧韬光禅师所建，寺以人名，地又以寺名，故此地称韬光。韬光历来以朝佛、观山、观海而著称。一日，相传韬光禅师辞师出游，师父嘱咐说："遇天可前，逢巢则止。"唐穆宗长庆年间（821—824年）当他游至灵隐寺西北巢构坞时，正值白居易任杭州刺史，而白居易字乐天，于是心想："吾师命之矣。"遂驻锡于此。韬光禅师与白居易交往甚密，白居易常来寺中同禅师吟诗唱和。现寺中的烹茗井，相传是白居易汲水烹茗处。

茶酒之争

唐代有一名乡贡进士名叫王敷,他写过一篇生动异常的好文章叫做《茶酒论》,久已不传。自从敦煌莫高窟中大名鼎鼎的藏经洞被王道士意外打开,大量经卷、变文及其他唐人手写古籍才得以重新为人们所认识。《茶酒论》这篇妙文就在其中。

茶与酒成了两个人物,以对话的方式、拟人的手法,广征博引,取譬设喻,以茶酒之口各述己长,攻击彼短,意在压倒对方。在这番针尖对麦芒的争论之中,茶与酒在唐代的整体风貌被全面地描写出来。

最后,"茶"与"酒"争论正酣,不知"水"在旁边。于是由水出面劝解,结束了茶与酒双方互不相让、一争高下的争斗。水指出:"茶不得水,作何形貌?酒不得水,作甚形容?米曲干吃,损人肠胃,茶片干吃,只粝破喉咙。"只有相互合作、相辅相成,才能"酒店发富,茶坊不穷",更好地发挥效果。《茶酒论》辩诘十分生动,且幽默有趣,使读者清楚地明白了两者的长与短。茶酒相比,茶更显出宁静、淡泊、隐幽,酒更显得热烈、豪放、辛辣,二者体现着人不同的品格性情,体现着人不同的价值追求。茶酒之争从唐代延续至今,成为不同文化、不同价值求同存异的典范。

骑火茶

大家都知道，茶贵品新，春茶最为精贵，有"三前摘翠"之说，即社前、明前、雨前。然而更早更新的茶叫做"火前茶"，还有"骑火茶"，它们又有怎样的故事呢？

相传春秋时期晋国人介之推追随他的君主晋文公外出逃难，为晋文公复国立下了汗马功劳。晋文公复国成功，介之推正应享受荣华富贵，他却突然辞官归隐，从此隐入绵山。晋文公思贤若渴，命令军士们遍搜绵山也没有找到，真是求之不得。于是他想出一个计策，命人纵火烧山，这样就能把介之推逼出来。结果介之推宁死不出山，就被活活烧死在山中。晋文公悲恸不绝，从此立下规矩，为了纪念介之推的死节，在他的祭日禁火、断饮，是为寒食节。旧俗寒食节不烧锅做饭，唯冷食，寒食节后清明节接踵而至，所以到清明节结束寒食，又开始举火。

寒食节之前已经有新茶冒尖，这时所采之茶，称为"火前茶"，唐代以此为贵。而不在火前，不在火后，正好在寒食节之日所采之茶称为"骑火茶"，那更是难能可贵。在大唐王朝的宫廷中，帝王贵族们都要严格恪守寒食，清明一到，能够马上喝上一碗从江南加急递送而来的热腾腾的"骑火茶"，那真是最高的享受了。

范质起用于茶肆

范质（911—964年），宋代大名宗城（今河北威县东）人，字文素，后唐进士，在后唐、后晋、后汉、后周四朝都做过官。到了宋代，他依然被拜为相。乾德二年（964年），范质不想当官了，请求罢了自己的相位。生平以廉洁自持。

后周太祖郭威（904—954年）起兵时，范质以其不凡气质被周太祖起用于京师开封茶肆之中。宋代释文莹《玉壶清话》中记载了这则典故。后周太祖郭威从邺城起兵攻打京师，京城大乱，范质也就隐蔽在民间。一天，他坐在茶肆中，忽然一个长相怪异丑陋的人向他作揖，说道："相公相公，不必焦虑，不要担忧。"这时正是盛夏最热的时候，范质手执一把素扇，就写了一个对子上去："大暑去酷吏，清风来故人。"没过多久，后周太祖郭威果然用厚重的礼物来聘请他出任高官。郭威得范质于民间茶肆，从此有了一番大作为。

由故事可见，五代时期，即使在连年战乱之中，东京开封的茶肆照样遍及大街小巷，十分繁盛，也表现范质的处乱不惊和周太祖的慧眼识英才。

茶贩子皇帝

五代十国时期后周的周世宗柴荣年轻时曾是个茶贩子。

这位茶贩子皇帝柴荣（921—959 年）是乱世中的一位枭雄。他是邢州龙冈（今河北邢台）人，后周太祖郭威的养子，善骑射，略通书。在当时还没有做后周太祖的郭威既是柴荣的养父，也是他的姑父。柴荣在郭威家里帮助料理生意，时常随其他商人一起去南方贩卖茶叶，补贴家用，因此，很得郭威喜爱。显德元年（954 年），柴荣继郭威为帝，整顿军事、政治、经济，颇有绩效。曾出兵伐后蜀，收秦、成、阶（分治今甘肃秦安县北、礼县南、武都东）、凤（治今陕西凤县东北）四州。三次亲征南唐，尽取江淮十四州，后北伐契丹，收复瓦桥、益津、淤口（在今河北雄县西南、霸州及州东）三关，欲乘胜进军幽州却因病中止，还东京而卒，是中国历史上颇有作为的皇帝。

柴荣年轻时代，通过贩茶，了解民生疾苦，往来南北，增长了历练，为其以后雄才大略的政治打下了基础。茶贩子出身的皇帝，中国历史上可谓绝无仅有，这也反映了五代茶叶贸易之盛。

五代十国时的帝王与茶有关的不少，南楚武穆王马殷根据属地特点，将茶叶作为重要的经济作物种植，以加快当地的经济发展。他采取措施，鼓励百姓种茶并把茶叶卖到中原地区。他还在洛阳、开封、襄州（今湖北襄阳）以及复州（今湖北天门）等地设置专门的机构经营管理茶叶贸易，使百姓得到实惠的同时，也充实了国库。除了政府管理的贸易外，马殷还允许百姓在境内自由买卖茶叶，从而吸引各地的茶商纷纷到南楚来，然后再从中收税。有了大量的茶叶，向中原进贡时也就不用珠宝了，这样既提高了茶叶的知名度，又节省了财政支出。无独有偶，吴越国王钱镠开创了三代五王、一军十三州的基业，茶叶生产与贸易也是其基本国策，被称为"摘山煮海"。

进入宋代，帝王与茶还发生了"裙带关系"。宋仁宗赵祯的妃子陈氏是寿州茶商之女，父亲靠捐纳谋得了一个小官。仁宗的皇后郭氏被废后，仁宗想立陈氏为后。大臣们因陈氏是茶贩之女，出身微贱，都力谏劝阻，仁宗只好打消了这个念头。

茶墨之辩

司马光、苏东坡，这两人在中国历史上享有同样伟大的名声，他们都是大文豪、大学者，也都是大茶人。这两位北宋同时代的人物，留下了彼此以茶相知的故事。

一日，苏东坡与司马光等一批文人墨客斗茶取乐，苏东坡点的茶汤色最为鲜白，因而胜过了司马光，免不了得意扬扬。宋代点茶，汤色尚白。司马光就有意难为苏东坡，笑着说："茶是越白越好，墨是越黑越好；茶是越重越好，墨是越轻越好；茶是越新越好，墨是越陈越好。这两者截然相反，你为什么同时喜欢二物呢？岂不是自相矛盾了吗？"苏东坡想了想，从容回答说："但不要忘了，这奇茶妙墨有一个共同点，它们都是香的呀！司马先生您说对吗？"司马光问得妙，苏东坡答得巧，众人皆叫好。

王安石辨水考苏轼

　　王安石老年患有痰火之症，虽服药，难以根除。太医院嘱饮阳羡茶，并须用长江瞿塘中峡水煎烹。因苏东坡是四川人，王安石曾相托于他："倘尊眷往来之便，将瞿塘中峡水携一瓮寄与老夫，则老夫衰老之年，皆子瞻所延也。"话说得非常客气。

　　不久，苏东坡亲自带水来见王安石。王安石即命人将瓮抬进书房，亲以衣袖拂拭，打开纸封。又命童儿茶灶中煨火，用银铫汲水烹之。先取定窑白瓷碗一只，投阳羡茶一撮于内。候汤沸如蟹眼，急取起沸水倾入茶盏，其茶色半晌方见。王安石问："这水是何处取来的？"东坡答道："瞿塘峡。"王安石道："是中峡那一段的吗？"东坡答道："正是。"王安石笑道："你又来欺骗老夫了！此乃下峡之水，如何假名中峡？"东坡大惊，只得据实以告。原来东坡因欣赏秀丽的三峡风光，船至下峡时，才记起所托之事。当时水流湍急，回溯十分艰难，只好汲一瓮下峡水充之。东坡说："三峡的水是连绵不断，相连在一起的，水都是一样才对，老太师何以分辨得出来？"王安石说："读书人做事不可轻举妄动，必须要细心察理。这瞿塘水性，出于《水经补注》。上峡水性太急，下峡水性又太缓，唯有中峡缓急相当。太医院官知老夫中脘变症，故用中峡水引经。这水用来烹阳羡茶，上峡点出来的茶味浓，下峡点出来的茶味淡，只有中峡浓淡适宜。你看，如今这盏茶的茶色半晌才显现出来，说明滋味很淡，所以我就知道这水是下峡的水了。"苏东坡大为叹服，连忙站起来谢罪。

王安石、司马光、苏东坡，一度是相互倾慕的好朋友。因为王安石变法，司马光与苏东坡反对新政，三人政见不同，渐行渐远，终于彻底葬送了友情，并且成为政治上的死敌。司马光和王安石在殊死搏斗中，于公元1086年同年去世。而苏东坡也因为受到政治上的牵连，一路遭贬，命途坎坷。而茶无论在他们命运的哪个时期，都成为伟大灵魂风雅与苦难的见证。

东坡茶

民间有"东坡茶"可以药用的传说。

宜仁太皇太后夸奖苏东坡精于茶道，专门派人送去两饼龙团贡茶，供他平日品尝。

有一年，皇上过生日，辽国派了特使来祝贺。特使住在驿馆，按照礼节皇上派苏学士前往作陪。特使早就仰慕苏学士的文采，酒过三巡之后竟不觉咏诵起苏东坡的诗词，敞怀倾吐仰慕之情："'痛饮从今有几日，西轩月色夜来新。'学士的佳句，可是时时助我酒兴啊！"

苏学士仰面大笑，屈着指头，一一介绍大宋名相、名将和才学之士的姓名。"国朝乃风雅大邦，豪杰之士辈出。少壮有之，耆老有之。如与贵国交往多年的文潞公，还有……"

"文潞公？哦，不就是前朝宰相文彦博吗，而今尚在？他可是我辽国敬畏之人物，今朝如不能相见，实为憾事。学士能否带我前去拜访？"特使听见苏学士说到当朝太师文潞公，突然插话，脸上现出惊讶之色。

"潞公出将入相五十年，而今虽耄耋之年，可身体还健壮。"苏东坡心里明白，宋辽之间，前些年有边境战争，而文潞公御边有方，打退辽兵无数。没想到这特使不计前嫌，提出要夜访潞公。

苏东坡陪同到了太师府，文潞公却面带难色地把苏东坡叫到一边，悄声说道："近日老夫患了痢疾，一天要上十多趟厕所，只怕在饮宴中有失体统。""潞公尽管以茶代酒，我带有太皇太后赏我的龙团，你放心到堂前陪客吧！"东坡小声地劝慰了一番，就缓步到厨下吩咐去了。

摆开酒宴，免不了又是一番寒暄。宾主一直畅饮至夜半方才尽欢而散。酒席上，潞公始终端坐，没有上一次厕所，其礼仪完全维护了大宋朝廷的体面。

事后文潞公心中不解，陪客饮茶，本只想稍坐，但他感觉今夜的茶叶特别芳香，好像正对自己的口味，呷了几口，很是解乏爽神，三五杯下肚后，肠胃竟乖巧起来。他初始担心的痢疾，一点影儿也没冒上来。陪客喝茶意外地治好了痢疾，他不明其中的奥妙，便特意拜访苏东坡，问是怎么一回事。

"请潞公不要挂在心上，本是小事一桩呀！"东坡风趣地笑着，顺手从案几上递过一杯茶，请他慢慢品尝。潞公呷了几口，咋咋舌，道："这茶味与昨夜的一个样。特别芳香，很是解乏爽神，肠胃舒服，不愧是太皇太后所赐的龙团呀。"

"请潞公莫要见怪于我，你昨天所饮不是龙团，我说龙团，是为了吊你的胃口。这是姜茶，一半蜀地的真茶和一半生姜细颗，用新汲水浓煎出来的。昨夜，你的厨子就学会了这手艺。""哦，没想到茶也成了世上良药！苏学士治好了我的痢疾，我应感谢才对，岂有怪罪之理。"潞公被折服了，不断地点头感叹。

苏东坡哈哈一笑说道："去年有一位乡人，传授给我这个药方。

苏东坡

说是姜属热，能温肠胃，茶属凉，能去火解毒。这一凉一热，能调平阴阳，饮它无病则防病，有病则治病，家人用它，很是灵验，所以才请潞公一试。"

姜茶价廉物美，还有防病疗病的良效，而苏东坡又乐于向朋友们介绍，所以不久，汴京的市井中，姜茶便广为流行起来。人们为了记住它的由来，特意给它取了个雅名，就叫"东坡茶"。

二老桥

　　在杭州老龙井寺边有条迂回曲折的小溪，名叫虎溪。虎溪上有条供人行走的小桥，名叫虎溪桥。在桥的上方，有座古老的石亭，名叫二老亭。相传北宋时有位名叫辨才的高僧，从天竺寺归隐老龙井寺后，立下清规：凡有客来，殿上清谈，不过三炷香；送客出山门，不过虎溪桥。为埋名隐居，辨才还在寺院后面建了一所草庵，取名远心庵，以便静心参禅。于是，附近山民也就称辨才为"远公"。

　　据说，当年苏东坡第一次到杭州任通判，就十分敬仰辨才学问，曾到天竺去拜访过辨才。转眼过了十五年，苏东坡再次来杭州当太守。当他听说此时辨才已归隐龙井寺后，他就头戴竹笠，身披蓑衣，手扶藤杖，去会辨才。刚要进山门，忽见后面有个老翁，鹤发长须，扛着禅杖，上挂一个酒葫芦，从龙井村方向走过来。此时，辨才也已认出眼前这位贵客是苏东坡，于是两人哈哈大笑，进得山门。刚坐下，苏东坡才发现辨才身背酒葫芦，惊奇地问："长老，你身背酒葫芦，莫非出家人也开戒了？"这时，辨才双手作揖，微笑答道："我深信太守不忘故交，知道你一定会来！我这是为你做准备的。"随即，辨才把苏东坡引进内室，沏茶烫酒，还带有歉意地说："山寺无佳肴，只能用山茶和野笋招待太守。"苏东坡答道："茶笋尽禅味，松杉真法

二老桥

音。"于是,两人开怀畅饮,谈得十分投机。当有三分醉意时,苏氏又应辨才之约,登上寺前的凤篁岭翠峰阁。此时,但见层层修竹,绿树成荫,四周寂然无声,苏东坡出口赞道:"此地乃是湖山第一佳处,远公好有缘分啊!"如此这般,天色已晚,但话兴未尽,当晚苏东坡也就留宿在龙井寺了。

次日清早,苏东坡因公务缠身,只得告辞。为此,辨才又亲自相送,边走边谈,不觉已送过虎溪桥。这时,旁边茶农见此情景,哈哈大笑道:"远公,你送客已过虎溪了!"辨才闻听此言,才知自己早已过了虎溪桥,走上凤篁岭了!于是,才作揖道:"杜子美有云:'与子成二老,来往亦风流。'太守恕我不远送!"

东坡笑答："长老破例了，请留步！"于是辨才与太守苏东坡告别而回。后来，辨才为了不忘这段情谊，在虎溪桥头建了一座石亭，以示纪念。后人则将这座石亭称为二老亭；又把辨才破例送苏东坡走过的虎溪桥，改名为二老桥，以表对辨才法师和杭州太守苏东坡的怀念。

东坡茶禅

苏轼爱好佛学，更喜欢跟有德有才的僧人们讨论禅法，他在杭州任职期间，更是与当地许多诗僧、茶僧诗茶唱酬，传为佳话。

元祐四年（1089年），苏东坡第二次来杭州上任，这年的十二月二十七日，他正游览西湖葛岭的寿星寺，南屏山麓净慈寺的高僧谦师听到这个消息，便赶到北山，为苏东坡点茶。

苏轼品尝谦师的茶后，感到非同一般，专门为之作诗一首，记述此事，诗的名称是"送南屏谦师"，诗中对谦师的茶艺给予了很高的评价："道人晓出南屏山，来试点茶三昧手。忽惊午盏兔毫斑，打作春瓮鹅儿酒。天台乳花世不见，玉川风腋今安有。先生有意续茶经，会使老谦名不朽。"

谦师治茶，有独特之处，但他自己说，烹茶之事，"得之于心，应之于手，非可以言传学到者"。他的茶艺在宋代很有名气，不少诗人对此加以赞誉，如北宋的史学家刘攽有诗句曰："泻汤夺得茶三昧，觅句还窥诗一斑。"是很妙的概括。后来，人们便把谦师称为"点茶三昧手"。

苏东坡一生中与许多僧人相交甚笃，比如著名的佛印和尚。一天，苏轼让书僮戴上一顶草帽，穿一双木屐，去佛印处取东西。书僮问："老爷要取什么东西？"苏轼说："老和尚一看你就知道了。"书僮去到佛印处说："老爷让我来取东西。"佛印问："取何物？"书僮说："老爷说你一看见我就知道了。"佛印看了一下书僮，包了一包东西让书僮拿走了。书僮回家把那包东西给苏轼，问道："老爷，是不是这包东西？"苏轼笑道："正是正是！"

是什么呢？是茶叶。苏轼道："你瞧，头顶戴着草帽，脚上穿着木屐，中间是个'人'，这人在草木中不就是一个'茶'字嘛！"书僮恍然大悟，才知东坡与高僧之间的哑谜，透着智慧与玄机。

东坡茶事

苏东坡爱茶，笔下的茶诗无数。他的诗词里写他自己出差途中去讨茶喝："酒困路长惟欲睡，日高人渴漫思茶，敲门试问野人家。"他夜晚办事要喝茶："簿书鞭扑昼填委，煮茗烧栗宜宵征"；创作诗文要喝茶："皓色生瓯面，堪称雪见羞。东坡调诗腹，今夜睡应休"；睡前睡起也要喝茶："沐罢巾冠快晚凉，睡余齿颊带茶香"，"春浓睡足午窗明，想见新茶如泼乳"。更有一首《水调歌头》，记咏了采茶、制茶、点茶、品茶，绘声绘色，情趣盎然。

长期的地方官和贬谪生活，使苏东坡足迹遍及各地，从峨眉之巅到钱塘之滨，从宋辽边境到岭南、海南，为他品尝各地的名茶提供了机会。在他的诗里，甚至将茶比作"佳人"——"戏作小诗君勿笑，从来佳茗似佳人。"

苏轼对烹茶十分精到。他认为好茶必须配以好水："精品厌凡泉"，注重煮水的火："活水还须活火烹"，还对烹茶煮水时的水温掌握十分讲究："蟹眼已过鱼眼生，飕飕欲作松风鸣。蒙茸出磨细珠落，眩转绕瓯飞雪轻。银瓶泻汤夸第二，未识古人煎水意。君不见，昔时李生好客手自煎，贵从活火发新泉。"对煮水的器具和饮茶用具，苏轼也有讲究："铜腥铁涩不宜泉"，"定州花瓷琢红玉"。苏轼在宜兴

苏东坡《啜茶帖》

时，还设计了一种提梁式紫砂壶。后人为纪念他，把此种壶式命名为
"东坡壶"。他还以茶当药："示病维摩元不病，在家灵运已忘家。何
须魏帝一丸药，且尽卢仝七碗茶。"

因此，关于苏东坡的茶故事十分丰富。有这样一副茶联，上联是
"坐，请坐，请上坐"，下联是"茶，泡茶，泡好茶"。其中有个典故，
说的是苏东坡任杭州通判时，有一次外出游览到了一个寺院。接待他
的和尚势利，以为他是个普通游客，便说："坐。"又吩咐："茶。"后

来闲聊几句，发现他谈吐不俗，就客气起来，改说："请坐。泡茶。"等到得知他就是大名鼎鼎的苏东坡，大吃一惊，恭恭敬敬地再次邀请："请上坐。"大声吩咐："泡好茶！"一盏茶毕，苏东坡起身告辞，和尚请他留下墨宝，苏东坡在纸上一挥而就，就是这两句奇文，现成典故，饱含讥讽，弄得和尚面红耳赤。

程朱茶学

程颐（1033—1107年），字正叔，世称伊川先生。与他的哥哥程颢合称"二程"，是宋代的理学大家。皇祐中，官至太学，哲宗初年，经过司马光推荐，历任秘书省校书郎、崇政殿说书等职。绍圣年间，因为政见不合，被贬到涪州（治今重庆涪陵）。宋徽宗即位后，恢复了官衔，回到了洛阳，一直在任上直到去世。留下了《伊川文集》等大作，今人合编为《二程集》传世。他曾经师从于理学大师周敦颐，对后世影响较大。

在一本由王楙编写的《野客丛书》中记载了这样一则典故："本朝张茂则，虽宦官之贤者也。元祐间，尝请诸名公啜茶观画，诸公皆往，惟伊川先生不往。辞曰：'某素不识画，亦不喜茶。'"

宋代观画品茗非常流行，然而这种文艺沙龙也就沦为了笼络士人的一种手腕。大宦官张茂则请程颐参加以品茗赏画为主题的茶会，其他官员都去了，或者是不敢不去，唯独程颐拒绝，体现了道学家不与宦官为伍的清高。而拒绝的理由，只能以素不识画又不喜茶推诿了。试想，一代鸿儒又岂能不识画、不懂茶呢？

同样是一代鸿儒，朱熹却嗜茶如命。朱熹（1130—1200年）字无晦、一字仲晦，号晦庵、晦翁，别号紫阳，晚年自称"茶仙"，宋代徽州婺源（今属江西）人，出生于南剑州尤溪（今福建省尤溪县），一生在福建崇安的武夷山区居住，前后达四十余年。朱熹为北宋以来理学之集大成者，被尊为古代理学正宗，在哲学上继承和发展了二程（程颢、程颐）学说，建立客观唯心主义的理学体系，世称"程朱学派"。他是中国封建社会后期影响最大的思想家，后人将他视为儒学宗师。

朱熹幼年丧父，父亲朱松嗜茶成癖，虽没有留下遗产，却教会了他饮茶。朱熹与茶结缘可以说是家传。说来有趣，朱熹从他诞生之日起便与茶有缘。父亲在他降生的第三天，用茶水行"三朝"洗儿之礼。

朱熹一生清贫，他的生活准则是"茶取养生，衣取蔽体，食取充饥，居止取足以障风雨，从不奢侈铺张"。粗茶淡饭，崇尚俭朴。朱熹一次往女儿家，适女婿外出，女儿端出热茶侍奉，朱子品着茶，感到心里舒适，时已正午，女儿端出麦饭葱汤请父亲就餐，朱子尽茶就餐，吃得津津有味。女儿觉得怠慢了父亲，心中有愧。朱子在茶足饭

北宋二程

饱后，却很满意。

朱熹生活在武夷山麓九曲溪畔，武夷岩茶自然是唾手可得，他一生喜饮武夷岩茶，在武夷过着"客来莫嫌茶当酒"的清淡俭朴生活。朱熹在武夷紫阳书院讲学之余，常与同道中人、门生学子入山漫游，或设茶宴于竹林泉边、亭榭溪畔，临水瀹茗吟诵。九曲溪有块巨石"茶灶石"，"矶石上平，有灶溪中流，巨石几然，可以环坐八九人，四面皆深水，当中凹，自然为灶，可炊以瀹茗"。朱子常在巨石上设茶宴，斗茶吟咏，以茶会友。他在《武夷精舍杂咏》中有《茶灶》记述之，诗曰：

仙翁遗石灶，宛在水中央。

饮罢方舟去，茶烟袅细香。

朱熹四十一岁时曾在武夷山上构筑草堂，取名"幽庵"，爱其幽胜。朱子于幽庵闭门著书，并在岭北开辟茶园，亲手栽茶，百株茶树，枝繁叶茂。茶园平展坦荡，取名"茶坂"。朱子常荷锄除草，提篮采摘其间，深得耕读之乐趣。朱熹在回江西婺源祖籍老家扫墓时，也不忘把武夷岩茶苗带回去，在祖居庭院植十余株，还把老屋更名为"茶院"。他用随身带去的武夷茶叶招待家乡父老，广为介绍其栽培和焙烤的方法。

文人是中国文化的承载者，而哲学是文人思考的最高形式。文人品茗时就必然在饮茶中寄寓一定的哲学思考。程颐与朱熹都是理学大师，他们以不同的态度对待茶，但本质上都是把茶视为中和清明的象征，以茶修德，以茶明伦，以茶寓理。

以茶喻理

　　宋代的理学大师朱熹在向学生讲学时常常巧妙地以日常生活中的茶作妙喻。这里就有记载的三则小故事。

　　其一，《朱子语类》卷一二三载，朱子答学生问关于如何评价《左传》作者识见，曰："左氏乃一个趋利避害之人，要置身于隐地，而不识道理，于大伦处皆错。观其议论，往往皆如此。且《大学》论所止，便只说君臣父子五件，左氏岂如此？如云：'周郑交质'，而曰：'信不由衷，质无益也。'正如田客论主，而责其不请吃茶！"是说左氏论事不得要领，远不如孔子《大学》论君臣父子关系精当。此以佃客告座主不请自己吃茶这样责之细苛的巧喻，把复杂的理论问题在谈笑间说清楚了。

　　其二，见《朱子语类》卷一三八："先生因吃茶罢，曰：'物之甘者，吃过必酸；苦者，吃过却甘。茶本苦物，吃过却甘。'问：'此理如何？'曰：'也是一个道理。如始于忧勤，终于逸乐，理而后和。'"这是以茶咽苦啜甘的特性来比喻忧勤和逸乐是相辅相成的。

　　其三，亦见《朱子语类》卷一三八："建茶如'中庸之为德，江茶如伯夷叔齐。'又曰：'《南轩集》云：草茶如草泽高人，腊茶如台阁胜士。'似他之说，则俗了建茶，却不如适间之说两全也。"按张栻的

朱熹

说法，建茶是阳春白雪，草茶是下里巴人；朱熹不同意这种拟人化的比喻，他认为建茶乃是中庸之道，是人工制造出来的，外观漂亮而未必品高；草茶则颇有气节，自然本色。这种巧喻当然比张栻的高明。这表明嗜茶的朱熹不仅学识广博，而且有其谈吐机敏、喻物诙谐的性格特征。可见以茶喻理成为中国茶文化思想的精髓之一。

以茶喻人

北宋有位名臣叫蔡肇，字天启，是王安石的学生，很受老师的器重；后来又跟苏轼交往密切，在朝中的声誉很高。宋徽宗时，召为起居郎，拜中书舍人，后出任明州的知州。他后来因为与流放中的苏轼交往，被人称为"包藏异志"而被夺职。

蔡肇也是一位疾恶如仇之人，他曾作茶诗歌，给依违于新、旧两党间首鼠两端的小人以辛辣的嘲讽。

熟知宋代贡茶的都知道，北苑贡茶中最上品的产自壑源，米芾在他的《苕溪诗卷》中就写到过。而沙溪虽然与壑源地理上很近，但所产的茶，滋味就逊色得多了，茶户经常拿沙溪茶来冒充壑源茶。黄庭坚的诗就写到过这种情况："莫遣沙溪来乱真。"

这蔡肇的诗正是以沙溪茶乱真来比喻半正半邪、于新旧两党间进行政治投机的小人。而这件事恰恰是被宋代的另一位茶人赵令畤在他的《侯鲭录》卷八《蔡天启论茶》中记载下来的：

> 欲言正焙香全少，便道沙溪味却嘉。
>
> 半正半邪谁可会，似君书疏正交加。

如今，我们常说"茶如其人"，原来早在宋代，茶就成为喻人之物了。

冷 面 草

自古以来，茶有很多美称，例如忘忧草、王孙草、不夜侯、甘露兄等，然而茶还有一个贬称——冷面草。

宋代有一位御史大夫，也是位诗人，名叫符昭远，生平憎恶饮茶。宋代是饮茶进入巅峰的时期，他的同僚们几乎都非常喜欢茶，并劝他也饮茶，说："茶能够使你神清气爽！"而昭远则回答："茶这个东西面目严峻冷酷，毫无和美的姿态，应该叫它冷面草！饭后嚼佛眼芎，再用甘菊汤送服，一样可以神清气爽！"

世界之大无奇不有，茶向来为世人所好，宋朝尤胜，却也有厌恶者，莫非是御史的职业病，做惯了反对派。冷面草到底指茶呢，还是指独立不阿的人？

前丁后蔡： 大龙团与小龙团

大茶人苏东坡曾写诗道："君不见武夷溪边粟粒芽，前丁后蔡相笼加，争新买宠各出意，今年斗品充官茶……"诗中作者揭示了由于皇家的穷奢极欲、官吏媚上取宠，各地名产都将进贡的弊政。他笔锋又一转，对当时宋代的进茶一并作了深刻的讽刺。

"前丁后蔡"是怎么一回事呢？

宋代最贵重的茶是龙凤团茶。龙凤团茶是用鲜叶经蒸青、捣碎、压模、烘干（一说蒸茶、榨茶、研茶、造茶、过黄）而成，呈团饼状，大小不一，表面都有讲究的龙凤饰纹，进贡时都有吉祥的茶名，如万寿龙芽、太平嘉瑞、瑞云翔龙等。说到龙凤团茶，不能不提两个人，一个是丁谓，一个是蔡襄。龙凤团茶，起于丁谓，成于蔡襄。宋真宗成平年间，丁谓任福建转运使，开始监造龙凤茶，一斤八饼，又名大龙团。当时精工制作了四十饼大龙团进献皇帝，龙颜大悦，此后，建州每年贡龙凤团茶。丁谓著有《北苑茶录》，但人品不佳，所以引来苏东坡的讽刺。相比之下，蔡襄堪称是真正的大茶人。

庆历七年（1047年）春夏之交，蔡襄从福州知州首任上改为福建路转运使，专门负责监制北苑贡茶。蔡襄监制茶事十分认真，通过细心观察，发现刚长出几天的茶芽，生机勃勃，生命力旺盛。这样的

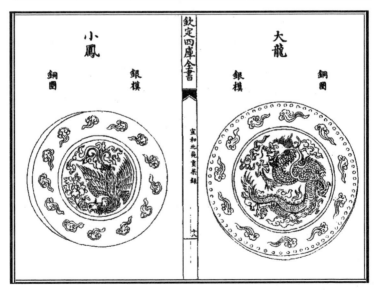

按建安志載絡式有方圓大小式無龍鳳則
以竹為圈共製有龍鳳者始用銀銅為圈

銀模
大鳳
銅圈

欽定四庫全書

宣和北苑貢茶錄

十九

御苑採茶歌十首 并序

先朝曾司封曉自號退士嘗作御苑採茶歌十首傳在
入口今龍園所制視昔尤盛惜乎退士不見也番謹擕
故事亦賦十首獻之漕使仍用退士元韻以見仰慕前
修之意

雲腴貢使手親調旋放春天採玉條伐鼓危亭驚曉夢
嘯呼齊上苑東橋　采采東方尚未明玉芽同護心
誠時歌一曲青山裏便是春風陌上聲　共抽靈草報

小鳳
銀模
銅圈

欽定四庫全書

宣和北苑貢茶錄

十八

大龍
銅圈
銀模

《宣和北苑贡茶录》中的龙凤团茶

108

叶片虽小，但叶内所含的生长素特别丰富。于是，他"清晨挂朝衣，盥手署新茗"。亲自采摘，选取茶树上顶尖嫩叶，采摘下放入水中浸后剥去包叶，用中间如针细的叶心做原料，经过一系列的加工烘焙，证实用茶叶心精制的成品茶，比原来掺茶叶的茶茶质好得多。他在总结前人特别是丁谓造大龙团经验的基础上，在外形上进行改装，把大团茶改为小团茶，即用茶模压制成有龙凤花纹的薄饼，饰以金箔，再涂上一层蜂蜡制成小龙团茶，营养丰富，外形精巧玲珑，一斤二十八饼。

但是小龙团在当时十分昂贵。欧阳修《归田录》中记录了仁宗皇帝对"尤极精好"的小龙团非常珍惜，赐号"上品龙茶"。这皇帝爱小龙团爱得胜过一切，连看都舍不得拿出来给别人看，即使是对宰相这样的重臣平时也不轻易赏赐，只有在南郊大礼致斋之夕，中书省和枢密院两个机要部门各四人，一共八位重要的大臣才被赏赐了一饼茶，宫女们剪金成龙凤花草的图案贴在茶饼上。八位大臣，诚惶诚恐地接过这莫大的恩典，小心翼翼地均匀分成八份，才心满意足地回府了。他们根本舍不得喝，而是作为宝物收藏着，偶尔来了特别有交情的客人，才拿出来品尝。真是"千金易得，一饼难求"，着实成了无上的宝贝！

而作为小龙团创始人的蔡襄本人，对小龙团的鉴别当然更加神乎其神。宋代时彭乘的《墨客挥犀》记载了这样一个故事：有一天，京都秘校蔡叶丞悄悄邀请蔡襄来家里品尝小龙团。把小龙团的创造者请来，共品佳茗，那是多么有面子的事啊！蔡襄刚坐了一会儿，冷不丁又来了一个客人，是突然来访的。于是原本两人品茶就成了三人茶会了。点好的茶端了上来，蔡襄品了品，说道："这茶不对，不单单是小龙团茶，一定还有大龙团茶掺杂在里面！"蔡叶丞面子上有些挂不住了，心想我特意留着小龙团请你来品，难道要骗你不成。连忙惊呼起来，把烧水点茶的侍童叫过来询问。侍童倒是老实，连忙说："老爷本来吩咐我，碾好了两个人的茶，是小龙团的没错。后来又多来了一位客人。再磨茶粉哪里来得及，所以我就自作聪明，把原来就磨好的大龙团茶粉掺了进去。"蔡叶丞听罢，对蔡襄深为折服。

蔡襄这样神乎其神的品茶能力，也可以让我们对宋代茶文化的精微至极有所管窥了！

斗茶大家

茶文化在宋朝被推到了巅峰状态，催生出了"林下雄豪皆斗美"的"斗茶"大战，上至宫廷，下到市井，斗茶蔚为大观。宋代著名的"苏黄米蔡"书法四大家中的"蔡"，也就是蔡襄，不仅是一位大书法家，还是一位嗜茶如命的"茶博士"，是一位善于别茶、制茶的茶学家，更是"斗茶"中的"武林高手"、领袖人物。

蔡襄曾为皇帝写下一篇科学性、文学性都堪称一流的奏章，专门讲了一遍宋代的茶，就叫做《茶录》。虽然不过一千二百多字，却被公认为继陆羽《茶经》之后在茶史上最具影响的茶学专著。

蔡襄堪称中国历史上数一数二的品茶师。传说建安（今福建建瓯）能仁寺院中，有株茶树长在石缝中间，品种优良，寺内和尚采其叶制成了八饼团茶，号称"石岩白"。他们将四饼送给了蔡襄，另四饼秘密地遣人到京师汴梁送给一个叫王禹玉的朝臣。过了一年多，蔡襄被召回京师任职，闲暇之际便去造访王禹玉。王禹玉见是"茶博士"蔡襄登门，便让人在茶桶中选最好的茶来款待蔡襄。蔡襄捧起茶瓯还未尝上一口，便对王禹玉说："这茶极像建安能仁寺的'石岩白'，您何以也有这茶？"王禹玉听了还不相信，叫人拿来茶叶上的签帖，一对照，果然是"石岩白"。见此情形，王禹玉十分钦佩。

元·赵孟頫《斗茶图》

　　蔡襄在当时称得上是茶学大师，在茶界具有极高的威望，精于斗茶的人谁碰到蔡襄话都不敢多说。但有一位女子却不服气。治平二年（1065年），蔡襄出任杭州知府。在杭期间，他遇到了一位叫周韶的女子"挑战"。周韶颇能写诗，又嗜好收藏一些"奇茗"。听说这位蔡知府茶学绝顶，她便倾其所藏，竭其才智，与蔡襄题诗品茗，斗茶争胜。结果令人大为惊异："蔡襄蔡君谟居然输了！"蔡襄斗茶还不止输过一次，又据宋人江休复《嘉祐杂志》记载说，蔡襄与苏舜元斗茶，拿出上好之茶，选用惠山泉。苏舜元的茶劣于蔡襄，但他选用了竹沥水来煎茶，结果出奇兵胜了蔡襄。可见宋代茶人之多，学问之深，茶事之盛。

虽然如此，作为书法家的蔡襄却并不放在心上，他的书法佳作至今为后人所称赞。据说他每次挥毫作书的时候必以茶为伴。欧阳修深知他爱茶，在请蔡襄为他书《集古录目序》刻石时，以大小龙团及惠山泉水作为"润笔"，蔡襄为此非常开心，笑称是"太清而不俗"。

后来他年纪大了，因病不能再饮茶，仍"烹而玩之"，茶不离手。老病中他万事皆忘，唯有茶忘不了。中国历史上的一代大茶人，真是到了人茶如一又人茶两忘的境界了！

宋徽宗嗜茶如命

茶屡屡作为赏赐之物，这是宋代君臣关系中的特有现象。不但赐给近臣，如宋仁宗赐小龙团予欧阳修，而且恩泽颇有好感的地方官。《宋史·苏轼传》记载说，元祐初，苏轼第二次任杭州知府时，高太后因为对他有好感，遣内侍赐以龙茶和银盒，慰劳甚厚。

宋人笔记《随手杂录》中也记载说，苏轼知杭州时，有一天朝中一位使者突然来杭，悄悄对苏轼说："我离开京师前向官家（即皇上，此为宋哲宗）辞行，官家说：'你向娘娘（此指高太后）辞行后再来我处。'我辞了太后再回到官家这里，官家带我到一个柜子旁，从柜里取出一包东西，悄悄对我说：'把这个赐予苏轼，不得让任何人知道。'"说着，使者取出那包东西。苏轼打开一看，原来是一斤茶，封口题字都是御笔。

但到宋徽宗时，赐茶的形式一变而以茶宴飨臣，在内涵上显得更为丰富，也更为奢靡。

宋徽宗赵佶是北宋第八位皇帝。他在文化艺术上成就不凡，能书善画，书法上独辟一体称"瘦金体"，音乐、诗词俱通，尤其嗜茶如命，最后却成了一位亡国之君。

赵佶亲自编写宋代茶叶的"百科全书"《大观茶论》。御笔撰茶

宋徽宗赵佶

著，这在历代帝王中是绝无仅有的。当时，制茶之艺日精，斗茶之风日盛，分茶之戏日巧。北宋陶谷《荈茗录》记载说："近世有下汤运匕（匙），别施妙诀，使汤纹水脉成物象者，禽兽虫鱼花草之属，纤巧如画，但须臾即就散灭。此茶之变也，时人谓'茶百戏'。"宋徽宗这位皇帝，居然也擅这种分茶之道。

徽宗权臣蔡京在《延福宫曲宴记》中记载说，宣和二年（1120年），徽宗延臣赐宴，表演分茶之事。徽宗令近侍取来釉色青黑、饰有银光细纹状如兔毫的建窑贡瓷"兔毫盏"，然后亲自注汤击拂。一会儿，汤花浮于盏面，呈疏星淡月之状，极富幽雅清丽之韵。接着，徽宗非常得意地分给诸臣，对他们说："这是我亲手施予的茶。"诸臣接过御茶品饮，一一顿首谢恩。皇帝设茶宴赐茶给群臣，后来在清代乾隆年间还每年例行一次。每年到了上元节后三日，皇上便钦点王公大臣中能歌善舞者，曲宴于重华宫内，演戏赐茶，赋诗联句。有时还专设茶宴，款待外国使节，以示国粹。

上有所好，下必甚焉。为了满足皇帝大臣们的欲望，贡茶的征收名目越来越多，制作越来越"新奇"。据《苕溪渔隐丛话》等记载，宣和二年（1120 年），漕臣郑可简创制了一种以"银丝水芽"制成的"方寸新"。这种团茶色如白雪，故名为"龙团胜雪"。郑可简即因此而受到宠幸，官升至福建路转运使。

后来，郑可简又命他的侄子千里到各地山谷去搜集名茶奇品，千里后来发现了一种叫做"朱草"的名茶，郑可简便将"朱草"拿来，让自己的儿子待问去进贡。于是，他的儿子待问也果然因贡茶有功而得了官职。当时有人讥讽说"父贵因茶白，儿荣为草朱"。

郑可简等儿子荣归故里时，便大办宴席，热闹非凡，在宴会期间，郑可简得意地说"一门侥幸"。此时他的侄子千里，因为"朱草"被夺正愤愤不平，立即对上一句"千里埋怨"。

宋徽宗以及他的臣属们都如此沉湎于茶艺，最终导致灭国之灾。靖康二年（1127 年），北宋都城汴京被金人攻破，徽宗与其子钦宗俱被俘，押解北上。八年后，徽宗死于金五国城（今黑龙江依兰）。

《华夷花木考》中记有一则宋徽宗被押送金国时的奇遇故事：

徽宗和钦宗在北上路途中经过一座寺庙，两人进庙一看，只有两尊巨大的金刚石像和石盂、香炉而已，别无供器。忽有一位胡僧从内出来，揖拜，问："你们从哪来？"两人说："打南边过来。"胡僧便叫童子点茶给客人。那茶非常香美，两人喝了还想喝，再欲索饮时，胡僧与童子已往堂后而去了。过了好一阵子，仍不见胡僧他们出来，两人便入内相寻。但里面寂然空舍，只有竹林间一小室，里边有一尊胡僧石像，一旁侍立着二童子的石像。两人仔细辨认，俨然就是刚才献茶的人。

　　北宋亡于金人，却以胡僧为二帝献茶，这则故事或许就是对宋徽宗在茶事上铺张奢靡、过于沉湎的一种讥讽，却又透露出一种故国难再、茶香杳杳的惆怅！

茶亭庙

茶亭庙在杭州江涨桥畔，城北堂老堂附近。这个庙原先供奉什么神灵，今天的人们都已不清楚了。只因庙旁旧有甘露亭，是昔日每年夏天专为路人施茶的茶亭，庙便随了茶亭的名声，被附近的人们叫成了茶亭庙。

北宋末年，小康王从南京一路逃难，来到杭州湖墅一带，口渴难熬，就向路边卖茶的老奶奶讨碗茶喝。老奶奶在碗里放了把砻糠，再倒凉茶给他喝。小康王顿时大怒，责怪她不该在水中撒砻糠。老奶奶却不生气，只是和颜悦色地向他解释："天气这么热，你赶路又这么急，一口气喝许多凉茶是要伤身体的，放点砻糠，你只好吹一口气喝一口茶，就不会伤身体了。"小康王这才知道自己错怪了老人家，连忙向她赔不是，喝完茶又匆匆上了路。后来，小康王登基做了皇帝，派人去找那施茶的老奶奶，才知道老奶奶因为掩护小康王而被金兵杀害了。小康王很是感动，便下旨在那里造了座庙，供奉这位老奶奶，那座庙就是今天的茶亭庙。

王趯智查私茶

这个故事讲到了两个人物，一个是救人的，一个是被救的。被救的那位胡铨是南宋的名臣，字邦衡，号澹庵。绍兴八年（1138年），他上书皇帝要求斩秦桧、参知政事孙近及使臣王伦，以谢天下。他严厉地斥责与金人的和议。然而在当时的局势之下，连精忠报国的岳飞都被冤杀，胡铨的爱国举动自然也要遭到灾祸。他先是被贬到新州（今广东新兴），但到了新州他仍作诗讽刺秦桧一伙，又被知州张棣告发，于是再度被贬到吉阳军。

胡铨自知毕竟曾是当朝的重臣，即使不与权奸们同流合污，也不至于被皇帝赐死，大不了一贬再贬，也要与奸臣们斗争到底。然而秦桧集团又怎么会放过这个眼中钉呢！知州张棣偷偷嘱咐押解胡铨的游崇，在胡铨被解送至雷州的路上，将他杀死，就报路上得了疾病死了。

南宋茶叶贸易非常发达，当时官吏中，非法贩运私茶的现象普遍存在，即使因公出差押送人犯也要乘机挟私以营利。这种行为几乎已经成了当时的一种潜规则。然而雷州太守王趯这次却不买账了。游崇押解着胡铨，挟带着私茶一到雷州，王趯就公事公办，带队来检查行囊，果然就查抄出了许多茶叶，立即就定罪，管你上面有没有人，统统关进班房再说！然后王趯又上奏，要换一批人押送胡铨。于是从自己身边挑出一支可靠的人马，给了丰厚的钱财让他们渡海，明里是押送，实际上是保护。

忠臣胡铨的性命就这样被保了下来，秦桧死后，胡铨被转移到衡州（今湖南衡阳），孝宗时被重新起用，有《澹庵集》等传世。

而王趯智勇双全，保护忠臣的举动，被朝中的贤士们大为推重。秦桧集团万万没想到雷州太守王趯如此智谋过人，会在贩运私茶这样的"小事"上面大作文章。在秦桧当道、暗无天日的日子里，世上依然不乏刚正不阿、疾恶如仇的忠臣良将。

日本茶祖荣西

《吃茶养生记》起首写道："茶乃养生之仙药。"写下这部著作、使茶叶在日本发扬光大的是荣西禅师。

镰仓时代的禅僧荣西也被认作是日本临济宗的祖师。年轻的荣西怀有一个强烈的心愿，那就是远渡南宋，在中国学习佛教正法后，更

荣西禅师

正日本佛教中存在的谬误。航海是件非同小可的事，需要不怕葬身鱼腹的决心和大笔盘缠。尽管困难重重，仁安三年（1168年）四月，二十七岁的荣西还是成功入宋。在这片期盼已久的土地上，他参诣了天台山万年寺、宁波阿育王寺，加深了对禅学的领悟，同年九月，荣西携天台经卷六十卷回国。

回国后，荣西又渐渐萌生起前往印度瞻仰释迦八塔的愿望，试图再渡重洋。文治三年（1187年），他到达南宋都城临安，然而因为前往印度的路途治安混乱，只得放弃。而就在他乘上归国的航船离开时，遭遇了一场逆风，因此在浙江瑞安上岸。因此机缘，荣西在天台山万年寺遇见了虚庵怀敞，拜在其门下学习。后又在天龙山景德禅寺学习临济禅，四年后即建久二年（1191年），荣西乘宋人的船返归故土。

荣西刚刚回到日本，开始传播禅宗之时，作为新兴宗派，人们一时之间难以理解，更受到了其他传统教派的排斥。他所住持的建仁寺，信徒寥寥，香火稀少，举步维艰。一日近午，荣西禅师正在为午饭发愁，来了一位饥民哭诉乞讨："一家老小四五天没有开伙，眼看要活活饿死……"但寺院僧人也饿得眼冒金星，哪里还有能力救济这个可怜的穷人呢？荣西禅师急得在大殿里转圈。忽然，他发现佛像前面有亮光，那是刚刚装饰在药师佛像后面的背光片所折射出来的明灯的光芒。荣西禅师毫不犹豫，马上爬到佛莲花座上，将佛像上那些铜的背光片卸了下来，交给那个穷人："实在对不起，寺里一粒粮食也没有，能变卖的东西，只有这个了。你去用它换些粮食吧。"

荣西禅师的大弟子们见此情景，急了，扑通一声跪在了荣西面前："师父，这些背光片已经安装在佛像上，就不是普通的铜片了，它象征着神圣的佛光啊！我们凡人亵渎佛像，盗用佛物，是大不敬，要下十八层地狱的！"

荣西禅师冷静说："你说得很对，如果我们无故私用圣物，的确是犯了大戒，应该受到严厉的报应。但是，你应该知道，佛陀还在因果轮回的时候，曾经多次割舍自己的血肉、手足、眼睛甚至于生命，用来救度众生。这些绝对不仅仅是传说，而是我佛大慈大悲的真实体现。所以，为了拯救濒临饿死的人，纵然让整座佛像熔化，也完全符合我佛普度众生的心愿。再说，就算今天因擅用佛物而要背因果，下地狱，老僧也心甘情愿。"

这一举动感化了日本百姓，荣西的禅法与茶一起被普及开来。

荣西把从中国带回去的茶籽在肥前（今佐贺）的背振山和荣西所在的山寺拇尾高山寺周围种植，后来形成了拇尾名茶。荣西曾应京都府宇治市的要求，派拇尾高山寺的明惠上人将"拇尾茶"移种到宇治。从此，开创了宇治茶的历史。直到今天宇治的五露茶、碾茶等都是举世闻名的。

荣西带回茶种后不久便将其播种到地里。或许是因茶种的寿命极短，一过夏天便只有二三成能够发芽，而荣西对哪片土地适合种茶是谙熟于心的。人们对传说中播下茶种的地方进行一番调查后发现，在其周围有大型寺院的遗迹，这些地方也被断定为古老的茶园。可见荣西是一边传布佛法，一边积极进行茶叶栽培的。关于荣西推动茶叶栽培的理由，既有在中国生活的四年间，荣西认同了茶有养生延年之效的缘故，也因茶叶的提神功效对禅宗的修行必不可少。荣西还认为禅宗的仪式中不能缺少茶道礼节，这条理由也在他普及茶种的动机中占了很大部分。

荣西禅师写成的《吃茶养生记》在日本相当于《茶经》的地位，于建久二年（1191 年）出版。《吃茶养生记》全书分上下两卷，用汉语和日文两种文字出版。上卷是写茶叶的医疗作用和茶叶的产地，下卷是写日本当时流行的各种疾病都可以用茶叶治疗。中国茶叶经荣西再次传到日本后，很快得到了发展，到 16 世纪开创了日本茶道。

禅茶一味

　　聪明的一休在中国可谓家喻户晓，但很少有人知道一休还是日本茶道源头的一位大茶僧呢！传说有一天，一休在海边散步，见到一卷画轴被海浪冲到岸边。捡起展开一看，竟然是从东土大宋漂流而来的一幅书法墨迹，写着"禅茶一味"四个字。自此一休在禅与茶上得到了真传，后来他又将这卷珍贵的墨迹传给了自己的弟子村田珠光。由此，珠光被确立为日本茶道的开山之祖。

　　那么"禅茶一味"四字的作者又是哪一位高人呢？

最早明确提出"禅茶一味"的高僧圆悟克勤

最早明确提出"禅茶一味",并从理念上发扬茶禅文化的,就是两宋时期的高僧圆悟克勤(1063—1135 年)。他是四川彭县人,俗姓骆。克勤于成都从圆明禅师学习经论,后至五祖处修行,蒙五祖印证,嗣其法,成为一代宗师,声名卓著,晚年住持成都昭觉寺。宋高宗曾召其入对,很赞赏他的修为,赐号"圆悟",故世称"圆悟克勤"。他潜心研习禅与茶的关系,以禅宗的观念品味茶的奥妙,终有所悟,挥笔写下了"禅茶一味"四个字。

这一幅卷轴是如何漂洋过海来到日本的?实在是不可思议。但被视为日本文化瑰宝的茶道,其原型是从中国移植过去的"唐物宋品",这一点已成共识。

捡到"禅茶一味"的一休宗纯(1394—1481 年)是日本室町时代禅宗临济宗的著名奇僧,也是著名的诗人、书法家和画家,从小就很聪明。他俗家名千菊丸,自号狂云子、梦闺、瞎驴等。人称他"外现癫狂相,内密赤子行"。一休身世不凡,父亲是后小松天皇,母亲出自世家藤原氏,世间相传其母为藤原照子。她一到天皇的身边,就受到天皇的宠爱,但她却日日怀着小剑,图谋刺杀天皇。原来1333年镰仓幕府灭亡,后醍醐天皇中兴皇室,史称"建武中兴"。1336 年武士不满后醍醐天皇所为,起来反抗,后醍醐天皇逃亡吉野,是为南朝。足利幕府开创者足利尊氏在京都另立天皇,是为北朝。照子倾向南朝,是南朝派来暗杀北朝天皇的奸细。刺杀不成,事情败露,照子逃出宫廷,潜往嵯峨野,于正月初一那天生下了一休宗纯。当时的主政者足利义满虽然没有赶尽杀绝,但下令让一休从小就在京都安国寺出家,以免有后代。一休一生从未受过皇子的待遇,也从未以皇子自居。其父亲在位期间曾数次召其入宫。1481年，一休宗纯因大德寺重建工程积劳成疾，八十八岁圆寂于薪村酬恩庵，葬于岗山塔下，成为日本一代高僧。

跟随一休大师参禅的珠光，经过艰苦的修炼，最终成为一休大师的弟子，在修行中，达到了"禅茶一味"的境界，终于从一休大师处得到了圆悟克勤的墨迹。圆悟的墨迹成了茶与禅结合的最初标志，成为茶道界最高的宝物。他还将墨迹运用于茶道——茶室中要悬挂书画。人们走进茶室时，要在墨迹前跪下行礼，表示对圆悟的敬意。这就是"墨迹开山"典故的由来。珠光的这一举动，开辟了禅茶一味的道路。由此，他被确立为日本茶道的开山之祖。

茶道与禅宗，殊途同归，而又相辅相成，故"禅茶一味"被视为日本茶道的最高境界。

朱元璋为茶杀驸马

明朝开国皇帝朱元璋（1328—1398年），出生于元末贫农之家，小时候为地主放过牛，后当过化缘和尚，受尽风餐露宿之苦，对官吏欺压百姓的事感受很深。当了皇帝后，他曾告诫百官说："我以前在民间时，见到州县官吏多不爱民，往往贪财好色，饮酒废事。凡民疾苦，视之漠然，我心里恨透了。如今要严立法禁，官吏凡是贪污蠹害百姓的，严惩不恕！"

在明朝以前，饼茶和散茶并存。而今天我们常用的冲泡饮茶方法起源于明代，推广人就是朱元璋。据《万历野获编》载，明初，各地进贡茶叶都沿宋代做法，制成大小不同的团状，即所谓龙团。到洪武二十四年（1391年）九月，朱元璋认为这种做法浪费百姓的劳力，下令停止龙团制作，"惟令采芽茶以进"，即直接进献芽茶。而后废蒸改炒，不断改进，炒青制法日趋完美，现代制茶工艺大多在此基础上发展起来。自然的散茶，清新淡雅，妙趣无穷。

朱元璋的推广，开我国千年茗饮之宗，客观上把我国造茶法、品饮法推向一个新的历史时期。然而这位皇帝为了茶政的清明，甚至杀了自己的女婿。

其时西北少数民族过着逐水草而居的游牧生活，与中原汉族人民的生活习惯大不相同。他们平日吃的大都是牛肉和羊肉。牛羊肉吃多了，很需要中原的茶叶。而明朝赶走元朝蒙古统治者后，为了加强北方的边防，也很需要西北地区的战马。因此由朝廷组织了茶马互市——用中原的茶叶交换西北的战马。茶马互市，对明朝和西北少数民族都很有利。

为了防止茶马互市出现混乱，互市一律由朝廷主持，不准私人插手。但是一些投机商人和不法官员，为了赚钱，不顾法律规定，搞起走私的勾当来。他们把茶叶偷运出境，用高价卖给少数民族，又偷运马匹入境，高价在内地贩卖。

走私活动越来越厉害，朱元璋大为震怒，下了一道命令：禁止走私行为。如果有谁违反，就要从重处罚！谁不知道朱元璋的厉害？谁敢拿自己性命开玩笑？因此禁令一出，投机商人和不法官员都害怕了，不敢继续作奸犯科。只有朱元璋的女婿欧阳伦，还是继续大搞走私活动。人家偃旗息鼓，他欧阳伦却正好抓住这个时机，扩大"业务"范围，谋取更大利润。

果然禁令下达不到两个月的时间，欧阳伦就派管家周保，押了五十辆满载茶叶的大车，运往兰州一带贩卖，打算将卖到的钱，换成战马带回内地。一路上，关口的官员知道是驸马的车队，谁也不敢阻拦，因此车队一直通行无阻。想不到车队快到目的地，就在兰州黄河大桥的桥头，出了"岔子"。原来负责守桥的小官，是一个忠于职守，不畏强权的人。车子一到，他立即下令停车检查。他很快发现车上装的全是禁运的私茶，便将车队扣押，上报，等待处理。

朱元璋收到奏章，得知有人公然违反禁令，贩卖私茶。仔细一看，违反禁令的不是别人，竟是自己的女婿欧阳伦。他派员经过调查核实后证明奏章上说的全是真话，不免为此感到为难。依法惩办吧，欧阳伦就得杀头。他一死，自己的女儿岂不成了寡妇？命运就悲惨了。不依法惩办吧，朝廷的法规成了一纸空文，以后还有谁来秉公执法，又怎么能使全国百姓服气呢？

经过一番权衡，朱元璋还是下令让欧阳伦立即自杀，并专门派出使臣赶往兰州，对那个严格执法、不畏强暴的守桥的小官进行了嘉奖。

大明律法素以严苛著称，朱元璋更是不论亲疏，执法如山。同时也可见茶马互市直到明朝依然是朝廷极为重视的一项国策。

卖富贵

　　紫砂乃茶器中之佼佼者，始于宋代，盛于明清，流传至今。北宋梅尧臣的《依韵和杜相公谢蔡君谟寄茶》中说道："小石冷泉留早味，紫泥新品泛春华。"说的是紫砂茶具在北宋刚开始兴起的情景。至于紫砂茶具由何人所创，已无从考证，但就有确切文字记载而言，紫砂茶具诞生于明代正德年间。

　　制作紫砂茶器，首推江苏宜兴。宜兴制陶历史悠久，享有"陶都"的美称，宜兴紫砂陶更是闻名中外。紫砂泥又俗称"富贵土"，这其中是有一个神奇的传说的。

　　据说古时候，有一个行脚僧人经过宜兴的丁蜀镇，他向村人高呼："卖富贵！卖富贵！""这贵怎么能卖呢？"大家都以为这僧人是在胡说八道，纷纷嗤笑，不以为然。僧人见大家都不信他的话，又高呼道："贵你们不想买，那买富如何啊？"于是引导村民跟他上山，指点说黄龙山中蕴藏着一种使人受用不尽的"富贵土"。村人果然挖掘出一种五色土，红、黄、绿、青、紫……就这样，一传十，十传百，村民都来挖掘山间的"富贵土"，并烧造最早的紫砂壶。从此宜兴一地世世代代以制壶为业，十分富有，然而制壶匠人在封建时代并没有很高的社会地位，因此应了那老僧的话，买到了富而没有买到贵。

其实，这神奇的富贵五色土，可以调和出千变万化的色彩，含铁量大，有良好的可塑性，烧制温度以摄氏1150度左右为宜。紫砂茶具的色泽，可利用紫泥光泽和质地的差别，经过"澄""洗"，使之出现不同的色彩。优质的原料，天然的色泽，为烧制优良紫砂茶具奠定了物质基础。

紫砂茶具有三大特点：泡茶不走味，贮茶不变色，盛暑不易馊。历代锦心巧手的紫砂艺人，以宜兴独有的紫砂土制成茶具、文玩和花盆，泡茶透气蕴香，由于材质的天下无匹及造型语言的古朴典雅，深得文人墨客的钟爱和竞相参与，多少年的文化积淀，使紫砂艺术融诗词文学、书法绘画、篆刻雕塑等诸艺于一体，成为一种独特的，既具优良的实用价值，同时又具有优美的审美欣赏、把玩及收藏价值的工艺美术精品。

清代一两重的紫砂茶具，就有价值一二十金的，能与黄金争价。近当代紫砂大家中有朱可心、顾景舟、蒋蓉等人，他们的作品在今天都被视为珍宝。

供春壶

一般认为明代的供春为紫砂壶第一人，他制作的供春壶也就被公认为是紫砂壶中的第一了。供春（约1506—1566年），又称龚春，曾为进士吴颐山的书僮，这位读书人吴颐山还是唐伯虎的好朋友。供春天资聪慧，虚心好学，随主人陪读于宜兴金沙寺。主人潜心读书，他有的是闲暇。而这金沙寺里的老和尚，善于制作大壶，于是供春就时常帮着老僧抟坯制壶。寺院里有两棵参天银杏，盘根错节，树瘤多姿。供春朝夕观赏，于是摹拟树瘤，捏制了一把树瘤型的茶壶，造型独特，生动异常。老僧见了拍案叫绝，便把平生制壶技艺倾囊相授，使他最终成为著名制壶大师。供春这把随手捏成的树瘿壶从此被称为"供春壶"，它造型新颖精巧，质地薄而坚实，享有"供春之壶，胜如金玉"，"栗色暗暗，如古金石；敦庞用心，怎称神明"的美誉，堪称是天下第一把文人紫砂壶。明代大文人张岱在《陶庵梦忆》中说："宜兴罐以龚春为上，一砂罐，直跻商彝周鼎之列而毫无愧色。"其名贵可想而知。

自"供春壶"闻名后，相继出现的制壶大师有明万历年间的董翰、赵梁、文畅、时朋"四大名家"，后有时大彬、李仲芳、徐友泉"三大妙手"，清代有陈鸣远，杨彭年、杨凤年兄妹和邵大亨、黄玉麟、程寿珍、俞国良等。时大彬作品点缀在精舍几案之上,更加符合饮茶品茗的趣味,当时就有十分推崇的诗句:"千奇万状信手出","宫中艳说大彬壶"。清初陈鸣远和嘉庆年间杨彭年制作的茶壶尤其驰名于世。陈鸣远制作的茶壶,线条清晰,轮廓明显,壶盖有行书"鸣远"印章,至今被视为珍藏。杨彭年的制品,雅致玲珑,不用模子,随手捏成,天衣无缝,被人推为"当世杰作"。

陈鸣远南瓜壶

紫砂茶具式样繁多,所谓"方非一式,圆不一相"。在紫砂壶上雕刻花鸟、山水和各体书法,始自晚明而盛于清嘉庆以后,并逐渐成为紫砂工艺中所独具的艺术装饰。不少著名的诗人、艺术家曾在紫砂壶上亲笔题诗刻字,著名的以曼生壶为代表。当时江苏溧阳知县钱塘人陈曼生,工于诗文、书画、篆刻,癖好茶壶,特意和杨彭年配合制壶。陈曼生设计,杨彭年制作,再由陈氏镌刻书画。其作品世称"曼生壶",一直为鉴赏家们所珍藏。

那么那把开启了紫砂壶历史的"供春壶"去了哪里呢?此壶传承有序,原为大收藏家吴大澄所藏,之后就一度失传了。20世纪30年代,储南强先生在苏州的一个古玩冷摊上偶然发现了它。只见此壶造型古朴,指螺纹隐现,把内及壶身有篆书"供春"二字。但供春壶几经辗转,已经缺盖。他强忍住内心的狂喜,低价购得了这把绝世名壶。回去专为这把壶盖了一座楼,起名"春归阁"。给供春壶配盖子是天大的事，懂一点紫砂常识的人都知道，为紫砂壶配盖远远比重新制壶还困难得多。储南强找到民国制壶名家黄玉麟，他们错把供春壶的造型当做了南瓜，配上了瓜钮盖。后来书画大师黄宾虹先生看到，觉得在树瘿的壶身上不会长出瓜钮。于是又由近代制壶名家裴石民再配成一个灵芝盖。而这一段佳话也被黄宾虹写成句，镌刻在了壶盖内缘上。新中国成立后，供春壶被献给国家收藏。现藏于中国历史博物馆。

徐渭写扇赌茶

徐渭（1521—1593年），字文长，号天池山人，青藤道士。山阴人，明代著名文学家、书画家、戏剧家。是一个文艺上难得的全才、奇才，袁宏道称他为"有明一代才人"。他的绘画创我国古代青藤画派，以后的扬州八怪，近代的吴昌硕、齐白石都受其影响。其剧论《南词叙录》为我国古代研究南戏的第一部著作，又有《四声猿》等杂剧传世。他自言"吾书一诗二文三画四"。其诗其文独步明代诗坛文苑，袁宏道在《徐文长传》中说："其胸中又有一段不可磨灭之气，英雄失路托足无门之悲。故其为诗如嗔如笑如水鸣峡如种出土……文长眼空千古，独立一时。"

徐渭长期居于绍兴，又擅长书画诗文，故除酒外，也与茶结伴。他的《与钟公子大赌藏钩，钟输，后山茶一斤；予输，写扇十八把》一诗就讲了一则有趣的故事。当时他已七十一岁高龄了，家境贫苦，孤独一人，仅以卖书画、卖藏书度日。

一日，老友钟公子来访。钟公子名无毓，字廷英，家境豪富，其父曾为知府，公子富才华，慕文长诗画才情，两人成为忘年交。这日，兴致大发，竟至大赌藏钩游戏，并由各人写下字条为凭：徐渭要喝茶，就让钟公子写下，如果输了，则拿出后山茶一斤；钟公子喜欢

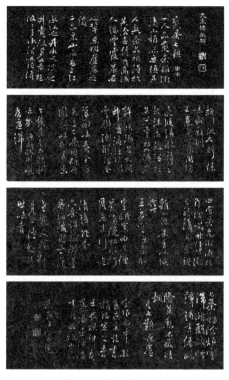

徐渭《煎茶七类》石刻

文长的书画，就让徐渭写下，如果输了，就要替他画十八把扇面。赌的结果，钟公子固然要给徐渭后山茶一斤，徐渭却也要为他写上十八把扇面。

这后山茶，也是当时的名茶，产于上虞县后山。徐渭得到茶后很高兴，但当场要画十八把扇面却并非易事，他毕竟已是七十一岁的老人了，结果画得他口焦唇燥喉干舌涩，两臂酸痛腰间无力，大约写到最后，确实没力气了，就只好对钟公子说："你的茶契我烧了吧，我的扇债你也免了吧！"这个以扇赌茶的游戏最后以有趣的求饶作结，真是风雅得很，足见徐渭的爱茶之心。

在今上虞市曹娥庙左侧厢，有天香楼藏帖碑廊。汇集了沈周、文征明、唐寅等明清八十多位书法家的墨宝，真行草隶诸体皆备，蔚为大观。在这些书法珍品中有一件颇引人注目的墨宝——徐渭的书法《煎茶七类》。徐渭饮于茶行于道，深得其中真味。

徐渭晚年，贫病交加，又嗜茶，茶多由友人供之，每一得茶欣喜之情溢于言表。一次他答谢友人送鱼："明日拟书茶类，能更致盈尺活鲫否？"以书写茶类之文去换鲫鱼，也可见世人对其写茶类之文的重视与喜爱。

这样一位中国文学艺术史上的旷世奇才真是与茶大有缘分。徐渭与茶正如梵·高与他的星空。

郑和携茶下西洋

郑和七下西洋的故事可谓妇孺皆知，这一历史事件对中国与世界产生了深远的影响。郑和下西洋所到之处，加强了中国和各国之间的往来，推动了包括茶叶在内的中国大批货物和各国货物之间的交换，扩大了中国茶叶的输出量和茶种外传的地域范围。

郑和宝船

郑和下西洋，把中国的丝绸、瓷器、茶叶带到了海外各国，尤其是中国的茶风，明成祖时期中国的茶风很盛，散茶的兴起成为中国茶叶发展的一个重大转折。中国"茶文化"也随郑和七次下西洋传播到海外，对东南亚和东非的饮茶风俗起了推动作用。海外学者考证，在明朝以前的古籍资料中，很少发现记载中国茶叶出口的。而在明朝以后的文字资料中，不断地出现这样的记载，海外有关亚非各国饮茶的风尚习俗时有记叙，以后也逐渐有了种茶制茶的行业。有关专家还认为，英语"茶"的单词，写成"Tea"，就是根据中国福建方言的读音译过去的。郑和船队有不少福建人，而福建人自古以来就有饮茶的习惯。有些福建人后来就留在东南亚没有回来，成为明朝以后的一代福建华侨，至今影响着海外的茶风。有一个有趣的现象，郑和下西洋所到的泰国、马来西亚、新加坡、斯里兰卡、印度、肯尼亚等亚非国家，目前都是茶叶销售量最大、茶文化最普及的地区。新加坡和马来西亚的华人、华侨出资三千万人民币，在马六甲郑和官仓遗址建了一个郑和文化馆，其中就开设了一家茶馆。

董小宛罢酒嗜茶

明朝末年，秦淮名妓董小宛，后来从良嫁与如皋（今江苏如皋县）才子冒辟疆，郎才女貌，神仙眷侣。这样的日子却只持续了短短九年，九年后董小宛病逝。小宛平日十分善于饮酒，从良后，她处处留意，酒几乎戒了，却与冒辟疆同样嗜好饮茶。

冒辟疆无限思念这位逝去的爱妻，写下了凄美的《影梅庵忆语》，细腻地记下与董小宛品茶的经历：

> 姬能饮。自入吾门，见余量不胜蕉叶，遂罢饮，每晚侍荆人数杯而已，而嗜茶与余同性。又同嗜芥片。每岁半塘顾子兼择最精者缄寄，具有片甲蝉翼之异。文火细烟，小鼎长泉，必手自吹涤。余每诵左思《娇女诗》"吹嘘对鼎㽼"之句，姬为解颐。至"沸乳看蟹目鱼鳞，传瓷选月魂云魄"，尤为精绝。每花前月下，静试对尝。碧沈香泛，真如木兰沾露，瑶草临波，备极卢陆之致。东坡云："分无玉碗捧蛾眉。"余一生清福，九年占尽，九年折尽矣。

可见董小宛非常精于烹茶，常用"文水细烟，小鼎长泉"，亲自煮饮，十分讲究。读完《影梅庵忆语》，最动人的莫过于两人品茗的段落。不由让人想起当年李清照与丈夫赵明诚在书斋中背书斗茶的情

董小宛

景，然而，清雅温存的茶烟之后，却是"余一生清福，九年占尽，九年折尽矣"的一声叹息。一盏茶中真是叹尽了人生的无限温馨与无限悲凉。

村田珠光的茶禅

　　村田珠光（1422—1502 年），日本茶道的鼻祖，他三十岁时追随一休禅师参禅，对茶与禅的结合做出了历史性的贡献。他改革了当时流行的书院茶、门茶，将禅的思想导入茶文化，从而创立了日本的茶道。

　　关于村田珠光有这样一段传说。一日，一休问他："要以怎样的规矩吃茶呢?"珠光回答："学习第一个把禅引进日本的荣西禅师的《吃茶养生记》，为健康而吃茶。"这时，一休就给他讲了"赵州吃茶去"的公案，然后问他说："关于赵州'吃茶去'的回答，你有何看法?"珠光默默地捧起自己心爱的茶碗，正准备喝的一刹那，一休突然举起铁如意棒，大喝一声将珠光手里的茶碗打得粉碎。

　　珠光一动不动，过了一会儿便向一休行礼离座。走到玄关时，一休叫了声："珠光!"

　　"是!"珠光答应后转过身来。

　　"刚才我问你吃茶的规矩，但如果抛开规矩无心地吃时将如何?"

　　珠光静静地回答："柳绿花红。"

　　对村田珠光坚韧不拔的茶境，一休给予了高度的赞赏。

　　作为参禅了悟的印可证书，一休将自己珍藏的宋朝禅门巨匠圆悟克勤禅师的墨迹传给了珠光。珠光将其挂在自家茶室的壁龛上，终日仰怀禅意，专心点茶，终于悟出"佛法存于茶汤"之理。

佛法并非有什么特别的形式，它存在于每日的生活之中。对于茶人来说，佛法就存在于茶汤之中，别无他求。这就是"禅茶一味"的境地。

千利休与丰臣秀吉

千利休（1522—1591 年）生于和泉国堺市的一个咸鱼商家庭，本名田中与四郎。拜绍鸥为师后，也继承村田珠光以来茶人参禅的传统，后来做了织田信长的茶头，织田信长死后又成为丰臣秀吉的茶头。

千利休把茶与禅的精神结合起来，创造了一种简素清寂的风貌。这种以隐逸思想为背景的茶会与足利义政东山文化流行的书院式茶会相反，一扫豪华的风气，只是邀请几个知己在一间狭小而陈设简单的屋里，利用简单的吃茶器皿，在闲静中追求乐趣。

日本天正三年（1575 年），五十四岁时利休正式成为信长的茶头。天正五年（1577 年）八月，千利休在自己家里建立黑木茶屋。信长把茶道视为政治上的工具，用以对外宣示织田政权的威严，对内笼络重臣之心。开茶会的资格是他赐予臣下的一个极大的荣耀。秀吉，此时作为信长的重臣，也拥有这一资格，并在利休之下学习茶道，这是两人最初的接触。

天正十年（1582 年），秀吉委托利休建造茶室，利休继往开来，使过去铺张奢华的茶风变成孤独清闲，修养身心的一种手段，创造了所谓"市中山居"——闹中取静的茶室。它就是天正十年十一月至次年三月完成的待庵——一所室内朴素粗糙的乡村房屋。

这一年正是日本历史上的一个转折点，行将实现一统日本梦想的信长，在本能寺的熊熊烈火中消逝了，秀吉以迅雷之势回军击败谋逆者明智光秀，接着又击败织田家内部的各种势力，成为信长的继承者，他用了八年的时间完成了日本的统一。战国结束了，秀吉的治世开始，利休顺理成章地又做了秀吉的茶头。两人从此开始了差不多十年的合作与争斗，这十年，是日本茶道史上极其绚丽的一页，也是日本茶道精神简朴与奢侈较量的时期。

秀吉出身贫贱，传奇性地成为天下的统治者，在讲究家门渊源的古代日本，这是仅有的奇迹。秀吉统治的基础是相当薄弱的，几乎完全依靠他个人的超凡能力。为了使自己的统治正统化，秀吉伤透了脑筋。茶道在他看来，既是癖好，又是安抚天下的极好工具，同时也可以满足自己心理上的虚荣。

因此，秀吉非常需要通过利休这位天下闻名的茶人来扩大自己的影响，他对茶事活动的热衷到了痴迷的地步，而他那天才的想象力，也在这方面有不少的发挥。天正十三年（1585年），秀吉从天皇那里取得了"关白"的官位，这是公卿的最高官职，对于追求名正言顺的地位、级别的秀吉而言，其意义不言自明。为此，他举办了一次高规格的宫内茶会，利休是理所当然的主持人。茶会上，先由秀吉为天皇点茶，所用的茶道具是专门定做、完全崭新的一套，以示对天皇无瑕神体的尊敬。再由利休为天皇点茶，使用的茶器是珍贵的唐物"新田肩冲""初花肩冲"和"松花"，其中的叶茶壶"松花"，据说价值四十万石，相当于日本当时一国到两国的领地（日本共分六十六国），可谓价值连城。此次茶会，是利休一生级别最高的一次茶会，他也被天皇赐予"利休"的法号，意思是"名利共休"或"名利顿休"。六十三岁的千利休，在这一生中最高级别的茶会上，获得巨大荣誉。

两年以后（1587年）的北野大茶会，是秀吉与利休合作的最高峰，也是茶道史上仅见的大场面。秀吉发布文告：于十月一日至十日举行十天的大茶会。只要热爱茶道，无论武士、商人、农民百姓，只需携茶釜（茶具的一种，煮水的壶）一只、水瓶一个、饮料一种，即可参加。没有茶，拿米粉糊代替也无妨。不必担心没有茶室，只需在松林中铺两三张榻榻米即可，没有榻榻米，用一般草席也可以，可以自由选择茶席的位置。除日本人外，爱好茶道的中国人也可出席。无论何人，只要光临秀吉的茶席的，均可以喝到秀吉亲自点的茶。这篇文告一出，应者云集，在茶会当天，茶席一个接一个，达到八百席之多。秀吉更是摆出了他曾经在天皇和明朝使节面前炫耀过的黄金茶室。

利休侍奉秀吉的十年，是他茶道境界不断提升、艺术才华充分展现的黄金时期。他对茶道进行了全方位的改革和完善，由于茶道本身就是融会了饮食、园艺、建筑、花木、书画、雕刻、陶器、漆器、竹器、礼仪、缝纫等诸方面的综合文化体系，因此，利休的影响远远超出了茶的本身，扩大到了日本文化的各个方面，人们把利休喜爱的、体现了他的审美观的东西以他的名字命名，这样的例子就有"利休栅栏""利休色""利休豆馅""利休馒头""利休牡丹""利休豆腐""利休头巾""利休木屐""利休扇子""利休缎子"等许多，可以说，在整个日本历史上，迄今为止，对其民族文化艺术影响最为深远的，非利休莫属。茶道从珠光开始有了"道"的地位，而在利休之后，更逐渐成为日本文化和民族精神的代表。

利休的茶道思想，继承珠光、绍鸥的衣钵，继续追求着"本来无一物""无一物中无尽藏"的禅之境界。珠光已经基本荡涤了茶文化中娱乐性的因素，利休更彻底地斩断了旧式茶文化中与物质世界的种种联系。千利休发展了村田珠光的所谓"和汉"境界，达到了纯日本的简素美——"和、敬、清、寂"。

利休达到了这样的境界，他越到晚年越趋于古拙稚朴。未曾料到，这却给他自己的命运埋下了悲剧的伏笔。

秀吉的奢侈使他对名贵茶道具有着近乎贪婪的追求，对地位、财富、人生享受有着无止境的欲望，这些都与利休水火不容。虽然利休对秀吉的种种行为并没有什么不满的表示，但他的内心却对此十分鄙视，以秀吉之聪明，不可能感受不到。而利休的茶名日盛一日，声望达于天下，隐然有压倒秀吉之势，也让秀吉越来越心生忌妒。

时为天正十九年（1591年），北野大茶会过后仅仅四年，利休为京都大德寺捐献了一座山门——金毛阁，大德寺为了感谢施主，在金毛阁上安置了一座利休的木像，身穿袈裟，脚踏草鞋。结果这事却激怒了秀吉，"难道我秀吉经过这座山门也要从你的臭草鞋下通过吗？"于是，他下令利休剖腹自杀。

欲加之罪，何患无辞。是年二月二十八日，七十岁的利休，在三千名武士的守护下，用武士的方式结束了自己的生涯（虽然他并不是武士）。临终前，他亲手制作了一把茶勺，传给爱徒古田织部，古田取名为"泪"，珍重保存，每逢利休忌日，都要举行茶事，使用这把茶勺，以示纪念。

利休的绝世辞是："人世七十，力㐭希咄，吾之宝剑，祖佛共杀。"利休直到生命的最后时刻，仍然保持着勇猛无畏的禅者气概。他举刀自向之时，雷鸣电闪，冰雹突降，仿佛苍天有眼，在为这位有着金刚之勇的老者一壮行色。

利休死了，但是，他与秀吉的对立中，秀吉却不是胜利者，秀吉的这一暴行，几乎抵消了他为日本茶道发展做过的一切贡献，永为后世所唾骂。他很快就感到后悔，失去这么一位能够与他的思想波长相配合的好对手，他得到的，丝毫没有胜利的快感，只是深深的孤独和寂寞。就在秀吉杀害利休后的第七年，他也在侵朝战争失败的失意中去世。

千利休死后，儿子道安、养子少庵、孙子宗旦、妻子宗恩及女儿们都被流放到各地，后来他们得到赦免，发挥了千家的茶道传统。现在的表千家不审庵、里千家今日庵、武者小路千家官休庵三千家都是他们的后裔。千利休的茶道当时由细川三斋和古田织部继承下来，他们重新开创了利休派茶道，而以生命殉茶的千利休，最终成为日本茶道集大成者。

三千家将利休的茶道发扬光大，直到今天，仍然是现代日本茶道人数最多、影响最大的三大流派，这是对利休的最大慰藉。相比之下，丰臣家的统治二代而亡，九泉之下的秀吉也该明白了吧：简朴终比奢侈永恒。

利休茶事

　　千利休到晚年时使茶道回归到了淡泊自然的最初。丰臣秀吉特地来向他求教饮茶的艺术，没想到他竟说饮茶没有特别神秘之处，他说："把炭放进炉子里，等水开到适当程度，加上茶叶使其产生适当的味道。按照花的生长情形，把花插在瓶子里。在夏天的时候使人想到凉爽，在冬天的时候使人想到温暖，没有别的秘密。"发问者听了这种解释，便带着厌烦的神情说，这些他早已知道了。千利休厉声地回答说："好！如果有人早已知道这种情形，我很愿意做他的弟子。"千利休后来留下一首有名的诗，来说明他的茶道精神："先把水烧开，再加进茶叶，然后用适当的方式喝茶，那就是你所需要知道的一切，除此之外，茶一无所有。"这多么动人啊！利休心中丝毫不存在既有的规矩与陈念，从心所欲地不断创造出新的茶趣。与当时争相追求名贵茶道具的世风相反，他把日常生活用具随手用来作为茶具，用日本常见的竹器来替代高贵的金属器皿，终其一生没有用心收集任何的"名器"，却发现和创造"名器"无数。几乎每一件他挑选出来的茶道具，不论原来是农家的水碗，还是裂了的竹子，都成为后世茶人珍爱的至宝。

　　在日本流传着许多关于千利休的小故事，可以体现出利休的艺术境界。

　　利休宅内的院子里种满了牵牛花，一旦开放，真是美不胜收。秀吉得知此事，就指示利休在宅内准备一次茶会，以欣赏满目的花景。结果，他兴致勃勃地来到利休宅，却发现所有的花都被利休剪掉了，秀吉当下大怒，气冲冲进茶室问罪。一进茶室，他不禁呆住了，在暗淡的壁龛的花瓶里插着一朵洁白的牵牛花，露水欲滴，生机无限。剪掉一片只留一朵，花的内在生命力却得到充分的表现，这就是利休的禅心。

　　一年春天，丰臣秀吉召来千利休，要他当众表演茶道前的插花。

千利休

按照惯例，插花是用筒形的器皿，秀吉却故意出难题，事先叫人给千利休准备了一个铁盘子，里面放了一些水，还有一枝含苞待放的梅花。在座的人都为千利休捏一把汗。千利休神情严肃而悲哀，将那在雪地里挣扎了一个冬天、刚刚爆发出生命全部美丽的梅花拿在手里，将花朵和花苞一点点揉碎，让它们随意飘落在铁盘子里的水面上。生命在众人的面前被毁灭着，最终只剩下一枝光秃秃的花枝上带着三两朵残存的花苞，气息奄奄地斜倚在铁盘旁边。这是一个震撼人心的过程。在场所有的人都屏住了呼吸，连铁石心肠的丰臣秀吉也落下了眼泪。

有一年年末，又到了启用新茶的季节。有一天，千利休带女婿万代屋宗安一起去参加一位茶人的茶会。

进入茶庭后，两人注意到两进茶庭园中间安置的是一个上下开闭式的吊门，吊门是先用木条编制成网格状，然后再在后面钉上一块木板的样式，给人以古色古香的感觉。宗安眺望着吊门赞叹道："真是萧、寂、简、雅的制作，给人以兴味无穷的感觉。"而利休的观点却不一样，"吊门制作得很不错，但我却没有一点儿你所说的萧、寂、简、雅的感觉。这个吊门肯定是从远方的某一古寺之中得来的，然后又花费了大量的人力、财力才运到这里。如果从真正的茶人素朴的心境出发想安这样一个吊门的话，应该亲自去小作坊或卖栅门的小店提出自己的要求，请对方用松树或杉树的边角料拼制一个粗制的吊门，也唯有这样的吊门才会真的引起人的兴趣。在这一点上是很容易看出一个茶人的修为水平的。"花高价故意制作出来给别人看的"萧、寂、简、雅"只不过是一种假面具，掩盖不了其奢华的本质。

有一次，一位叫上林竹庵的人请千利休参加自己的茶会。千利休答应了，还带着众弟子前往。竹庵非常欢喜，在千利休和弟子们进入茶室后，开始亲自为大家点茶。但是，他由于过于紧张，点茶的手有些发抖，致使茶盒上的茶勺跌落、茶筅倒下、茶碗中的水溢出，显得十分不雅。千利休的弟子们都暗暗地在心里发笑。

可是，茶会一结束，作为主客的千利休就赞叹说："今天茶会主人的点茶是天下第一。"弟子们都觉得千利休的话不可思议，便在回府的路上问千利休："那样不恰当的点茶，为什么是天下第一?"千利休回答说："那是因为竹庵他为了让我们喝到最好的茶，一心一意去做的缘故。所以，没有留意是否会出现那样的失败，只管一心做茶。那种心意是最重要的。"

日本茶道有绝对一尘不染的传统，因而如何打扫茶室成为茶道极为重要的传承。传说当千利休的儿子正在洒扫庭园小径时，千利休坐在一旁看着。当儿子觉得工作已经做完的时候，他说："还不够清洁。"儿子便出去再做一遍，做完的时候，千利休又说："还不够清洁。"这样一而再、再而三地做了许多次。过了一段时间，儿子对他说："父亲，现在没有什么事可以做了。石阶已经洗了三次，石灯笼和树上也洒过水了，苔藓和地衣都披上了一层新的青绿，我没有在地上留一根树枝和一片叶子。"千利休却说："傻瓜，那不是清扫庭园应该用的方法!"他站起来走入园子，用手摇动一棵树，园子里霎时落下许多金色和深红色的树叶，这些秋锦的断片，使园子显得更干净宁谧，并且充满了美与自然，有着生命的力量。千利休摇动树枝，是在启示人文与自然和谐乃是茶道环境的最高境界，在这里也说明了一位伟大的茶师是如何从茶之外的自然得到启发的。

千利休的孙子千宗旦不仅继承了祖父的茶艺，对禅也极有见地。有一天，宗旦的好友京都千本安居院正安寺的和尚，叫寺中的小沙弥送给宗旦一枝寺院中盛开的椿树花。椿树花一向就是极易掉落的花，小沙弥虽然非常小心地捧着，花瓣还是一路掉下来，他只好把落了的花瓣拾起，和花枝一起捧着。到宗旦家的时候，花已全部落光，只剩一枝空枝，小沙弥向宗旦告罪，认为都是自己粗心大意才使花落下了。宗旦一点也没有怨怪之意，并且微笑地请小沙弥到招待贵客的"今日庵"茶席上喝茶。宗旦从席床上把祖父千利休传下来的名贵的国城寺花筒拿下来，放在桌上，将落了花的椿树枝插于筒中，把落下的花散放在花筒下，然后他向花瓣及空枝敬茶，再对小沙弥献上一盏清茶，谢谢他远道赠花之谊，两人喝了茶后，小沙弥才回去向师父复命。宗旦表达了一个无比清朗的境界，花开花谢是随季节变动的自然，是一切的"因"；小和尚持花步行而使花瓣散落，这叫做"缘"。无花的椿枝及落了的花，一无价值，这就是"空"。从花开到花落，可以说是"色即是空"，但因宗旦能看见那清寂与空静之美，并对一切的流动现象，以及一切的人抱持宽容的敬意，他把空变成一种高层次的美，使"色即是空"变成"空即是色"。

兴安岭上烹茗

清朝宗室有习武围猎的传统。康熙四十二年（1703 年）夏五月，清圣祖玄烨避暑塞外，举行"秋狝之典"，翰林院词臣汪灏、查升等几位文臣奉特旨，驮载着书稿、帐房随行。二十五日凌晨，一钩新月挂在树梢，皇帝的舆车从畅春园出发了。一直到七月二十八，康熙爷传谕："明日到波罗河屯驻。从此往北走就一天比一天凉了，汪灏、查升等几位文臣可以留下，也可以继续走，各听其便。"汪灏、查升等连忙回奏，说自己随銮驾纵观哨鹿之地，心里高兴极了，都愿意随行。八月初三，銮驾到了唐山营，这是塞外避暑的第八处。康熙爷又下谕说："行宫瓦屋，到这里就没有了；桑麻种植，到这里也已经是尽头了。前面的路就是专门围猎的地方，再也没有村落了。"八月十五日，皇帝在行猎一天后驻营于一座山的北面，汪灏、查升等先是入直庐校书，后被使者引到"网城"中观看康熙帝所射到的野猪，野猪大得像头牛，上下牙有如钢钩。因为是中秋佳节，皇帝格外高兴，赐了大小月饼五枚，月饼上都以金彩装饰着宫殿、蟾兔的造型，还赐了梨、桃、苹果、西瓜，下谕说："此地再往北走百余里就是兴安岭，三天前那里已是雪深盈尺，然而当地的土人都不怕寒冷。"二十六日，行围就去了兴安岭。汪、查等人到山顶立马一望，天开地坼，千峰万蛰都在自己脚下。二十七日，皇帝围猎的"幔城"仍设在兴安岭上，康熙爷再次下谕道："兴安岭是北地最高的地方了，在山顶能望到很远的地方，尔等满汉翰林可以选择一个高的山头，带上盛水的器具，一同前往。"汪灏、查升等遵旨携带茶器在地势高而开阔的地方烹水煮茗，一整日边品茶边眺望皇帝围猎。

在如此高峰之上，多人联袂品茗并观礼，实在是世上罕见。回銮当日，康熙帝率领三个皇子乘船，汪、查等人骑马，在一个渡口又巧相逢。康熙皇帝就在船旁赐了汪、查等人"马乳茶"，饮茶之后又每人赐了鲤鱼一尾，挂于鞍旁，继续往回走。九月十一日抵达京城，次日汪、查等人入畅春园谢恩。随銮往返共计一百一十六天。

曹雪芹品茶

　　曹雪芹是一位精于茶道的人物,这一点读过《红楼梦》的人都会同意。"一部《红楼梦》,满纸茶叶香",全书提到茶事有 262 处,出现"茶"字 459 次,"栊翠庵茶品梅花雪"一回更是专门把品茗之道描写得精妙绝伦。茶事中也有曹雪芹品茶的典故。

　　品香泉,位于北京香山法海寺南麓,曹雪芹常来此烹茶。老朋友

栊翠庵茶品梅花雪

鄂比问道："香山有七十泉，你为何独独喜爱这品香泉？"曹雪芹回答："我尝遍了七十泉，比较之下，烹茶要数品香泉最佳。"鄂比心下觉得曹雪芹有些言过其实了吧！

一日，鄂比特意请曹雪芹喝茶，雪芹刚喝半碗，便问："此水取的是哪里的泉？"鄂比笑道："当然是品香泉呀！"雪芹说："别蒙人，这茶上半碗水清味正，是品香泉，下半碗就差多了，是水源头儿的泉。"鄂比惊叹道："你真是茶仙再世，陆羽复生呀！"原来鄂比在品香泉和水源头儿泉各灌水半壶，故意要试试曹雪芹能否辨别。自此，远近之人皆来取品香泉烹茶。后来，这事被乾隆皇帝所知，竟在泉畔建起了行宫，品香泉遂为皇家独占。

曹雪芹品茶试水的故事与陆羽辨水、苏东坡辨水的故事十分相近，故事虽然只是故事，但似乎内在有一种神秘的规律。历代最具才情的人物都被赋予了出神入化的品茶技能，也许最懂茶的人也就是最懂文学、最懂人生、最懂天地自然的人吧！

斟茶叩指

如今饮茶人，每逢别人为自己斟茶时，都习惯性地屈曲两根手指，轻敲桌面，以示敬谢。这个小小的茶礼节中还有一个小故事。

清代乾隆皇帝私下带着仆人南下广东。他们到茶楼饮茶时，乾隆顺手给仆人斟茶，仆人则惶恐之极，又不敢像在宫中那样下跪谢恩，急中生智，以两指屈曲扣桌面表示下跪。广州人于是有样学样，竞相仿效至今。后来说法又有发展，说是未婚的人以一指叩桌，已婚的则用两指，以示分别。

其实这一习俗来自江湖规矩。清代恽敬祖所著《浪迹见闻》内有"江湖礼数"一节云：水陆码头的茶肆酒馆中，每当客人饮宴宾主杯酒相敬时，都是拱手或合十为礼的。但到了同治、光绪年间，则改为以指叩桌为敬。为什么呢？原来江湖人士宴聚，常有一言不合就从靴筒或袖中抽出刀来动手的事，为了释除双方的疑虑，保证安全，便改以叩指为敬，有些更以二指叩桌作跪拜状，口中连说"磕头，磕头"。此后，这种规矩渐渐从江湖发展到民间。

揭盖添水

讲明了"斟茶叩指",那么"揭盖添水"又有什么典故呢?

茶客饮茶,需要添水,则将壶盖揭起,斜置壶口,伙计便会前来添上开水。这一习惯由来已久,其起源却有一段故事。

百年前,广州盛行斗鹌鹑。每年七八月间,四乡捕鹌鹑的人将猎物带到魅巷(在今解放中路)售卖,至午市,人多巷满,车马都为之堵塞不能行。这些鹌鹑都是雄性的,人们买来作打斗赌钱之用。大抵新鹌鹑而善斗的,每只可卖几两白银;而久经沙场、具强战斗力的,则可卖到百两之巨。当时纸行路、海珠中路一带居民多喜这一玩意。他们有一套调教鹌鹑的方法,当时茶居是用焗盅泡茶的,他们饮过茶后,将茶叶倒掉,乘着热气犹存,把鹌鹑放入,盖上盅盖熏焗,久而久之,此鸟便更强健善斗。

某日,一纸行街人士因斗鹌鹑输得很惨,正谋补救之法,忽然计上心来,打算向茶居下手。原先茶居的习惯是茶客要添水便开声,有些茶客则不出声而以筷子敲打盅盖示意。老板认为伙计偷懒,引致客人有不雅之举,有伤店誉,于是规定伙计要提着水煲来往穿行,不须客人示意,频频给焗盅添上开水,以示殷勤。这办法通行日久,主客均觉方便,不料却潜伏危机。

上述的诈骗者故意将一只鹌鹑置于焗盅之内，伙计添水时不提示，不阻拦，鹌鹑一下子便被沸水烫死了。他扭住伙计，大声嚷嚷这鸟是"常胜将军"，身价不菲，索要赔偿。店主暗暗叫苦，但自知理亏，只得协商赔款了事。

自此，老板又改办法，凡客人不揭开焗盅盖，即不主动冲水，以免吃亏。从此揭盖添水沿用至今。这些可都是茶中的民俗学了。

孟婆汤

　　孟婆汤是传说中一种喝了可以忘记所有烦恼、所有爱恨情仇的茶汤。传说人死后有一条路叫黄泉路，有一条河叫忘川，河上有一座桥叫奈何桥，走过奈何桥有一个土台叫望乡台，望乡台边有个老妇人在卖孟婆汤，忘川边有一块石头叫三生石。三生石记载着你的前世今生，亡灵走过奈何桥，在望乡台上最后看一眼人间，喝碗忘川河水煮的孟婆汤，这碗茶汤一喝下，就忘了生前的一切，投胎去了。

　　传说中孟婆汤的做法是先取在十殿判定要发往各地做人的鬼魂，再加入采自俗世的药材，调合成如酒一般的汤，分成甘、苦、辛、酸、咸五种口味。凡是预备投生的鬼魂都得饮下孟婆的迷魂汤，如有刁钻狡猾、不肯喝的鬼魂，它的脚底下立刻就会出现钩刀绊住双脚，并有尖锐铜管刺穿喉咙，强迫性地灌下，没有任何鬼魂可以幸免。

　　另一说，每个人活着的时候，都会落泪：因喜、因悲、因痛、因恨、因愁、因爱。孟婆将他们一滴一滴的泪收集起来，煎熬成汤。

　　清人王有光《吴下谚联》的"孟婆汤"中，有一段关于鬼魂被灌迷魂汤的描写：

　　人死后，先要经过孟婆的庄子。众役卒解押着魂魄往墙边过，先到那阎君殿里审定功过。定完功过，就将个册录名牒。凡是被判转世的魂魄，再从庄子回去。远望庄子都是雕梁画栋，石砌朱栏，有个老婆婆在那庄子门口招呼着来客，请来人随步上梯，进得那里面。屋内，摆设得更是精致，珠玉的帘子，玉雕的大桌。待来人入屋，老婆婆便叫出三个女子，分别是孟姜、孟庸与孟戈。三人都穿着红裙绿袖，生得如花似玉。她们轻唤着郎君，还拂净了席子座位，要人坐下。来人一坐下，丫鬟便递杯茶水。三位美人伺候着，纤纤的玉指奉茶。清风吹来，玉环叮叮地作响，奇香阵阵地袭人，此情此景，让人实在是难以拒绝这碗茶汤，就慢慢接了，骤觉得目眩神驰，不禁呷了一口，更难道那清凉滋味，赛过琼浆玉液，不禁酣然畅饮。刚喝尽那碗淡茶，忽见沉底都是些浊泥，一抬眼，貌美的佳人都变成那骷髅白骨，僵立堂前。再去庄外张看，前时的画栋雕梁，都成朽木。竟是在荒郊野外，从此就把浮生忘却。正慌惊间，忽然啼声堕地，已经投胎变成一个婴孩。

旧习俗中，婴儿出生时要以茶水洗头；人死入殓时要在口中含茶叶。原来黄泉路上大名鼎鼎的"孟婆汤"也是一碗茶汤。可见人的从生到死都离不开茶，而中国人"从死到生"的轮回观中，还是要借一碗茶汤方能了却前尘往事。

錫茶壶

张之洞任两湖总督期间，下面一位候补知府的人拜见。张之洞好捉弄人，知道他是监生出身，就命令左右取来纸笔，写了"錫茶壺"三个字，拿给来拜见的人问道："做官是必须认字的，你认得这三个字吗？"那个人也不细看，张嘴就说："这是'锡茶壶'！"张之洞听了哈哈大笑，立即要求送客。第二天就把那个人开除回原籍。开除的公文中说："这个官员能认识'锡茶壶'三个字，还可以培养，建议再读书五年，然后再来做官。"

用"錫茶壺"三个字试人的学问其实是为难人，相传这位倒霉的官员品行不端，张之洞是有意刁难。在"錫茶壺"三个字上各加一横，变成了"錫茶壺"。第一个字音"养"，意思是古代挂在马额头上的金属饰物。第三个字音"捆"，意为古时王宫内的道路，引申为内宫、闺阁。

这个故事被记录在《清碑类钞》中，"望文生义"，倒也成了茶事中的一例趣谈。

戒烟嗜茶成就吴昌硕

一代书画大师吴昌硕一生爱梅也爱茶，喜欢赏梅、品茗两结合。

他生于浙江安吉鄣吴村一个读书人家，幼年时好学不辍。十多岁时即喜欢刻印，磨石奏刀，反复不已。吴昌硕酷爱读书，为了满足日益增强的求知欲望，他常千方百计去找更多的书来读。有时为了借一部书，往往来回行数十里路也不以为苦。

二十九岁那年，他离开家乡，到人文荟萃的杭州、苏州、上海等地去寻师访友，刻苦学艺。他待人以诚，求知若渴，各地艺术界知名人士都很乐意与他交往，其中任伯年、张子祥、胡公寿、蒲作英等人与他交谊尤笃。三十多岁时，他始以作篆籀的笔法绘画，后经友人介绍，求教于任伯年。伯年要他作一幅画看看。他说，我还没有学过，怎么能画呢？伯年道，你爱怎么画就怎么画，随便画上几笔就是了。于是他随意画了几笔，伯年看他落笔用墨浑厚挺拔，不同凡响，不禁拍案叫绝，说道，你将来在绘画上一定会成名。吴听了很诧异，还以为跟他开玩笑。伯年却严肃地说，即便现在看起来，你的笔墨也已经胜过我了。此后吴昌硕对作画有了信心，根据他平日细心观察、体验积累起来的生活经验，再加广泛欣赏与刻苦学习，他所作的画不断地出现崭新的面貌。

吴昌硕早年为生计所累，不胜疲劳，一度染上了吸大烟的毛病，而且烟瘾越来越大。妻子施季仙劝他戒烟，始终没有效果。一天，吴昌硕在外面过足烟瘾，懒懒散散地回家来，施夫人实在气不过，冷冷地丢了一席话："这东西有什么好，又花钱，又害身体，不能再吃了！如果你连这点也做不好，还治什么印，学什么画！"这席话大大震动了吴昌硕，他深深地感到自己有负于贤妻。

　　回想起 1865 年，劫后余生的吴昌硕回到家乡，原配章氏逝世，他只能与父亲在家耕读打发日子。正在此时，施季仙爱上吴昌硕，嫁给了这位一文不名的农夫，为了支持吴昌硕的艺术事业，她不惜变卖陪嫁首饰，指望吴昌硕事业有成。如今，自己事业不成，反而吸上了鸦片，想到这儿，吴昌硕决心戒烟。从此，吴昌硕远离烟土，就连一般的水烟、纸烟也决不再沾。辛劳之余，他靠的是一把陶泥小壶，一壶浓浓的茶水。正是它们，伴随着吴昌硕走向艺术的巅峰，给予他超凡脱俗的精神感受。

吴昌硕茶画

风檐煮茗

　　清末满族有位大学者叫震均（1857—1920年），姓瓜尔佳，汉名唐晏，字在廷，自号涉江道人。自他的先主"从龙入关"，到他这一代已经经历了十二世，都居住在京城，是"仕宦"之家。同治七年（1868年），震均随他外任扬州牧的父亲来到江南读书，从此就喜爱上茶饮。用他自己的话说："余少年好攻杂艺而性嗜茶。"经过他搜集的精品名茶就有多种。光绪六年（1880年），震均遵父命回京准备应考。两年后，他参加了顺天府乡试，被录为"副榜贡生"（即"五贡"之一的"副贡"）。光绪十四年（1888年），他再次参加顺天府秋闱考试。这次入闱，所相识的满、汉考生最多。就在进入贡院号房的当天晚上，各位因考试而相识的友人汇集于贡院的风檐之下，煮茗清谈。在北京贡院煮茶会友，恐怕也是空前绝后之事。

　　在震均考中"副贡"之后，曾任职于"水部"。由于工作需要，他奔走于京城内外多地，对各处茶馆、茶肆、茶棚非常熟悉。通州大通桥下素有一家茶肆，是他最爱去的地方。他说这一茶肆，临着流淌的江水，风景最佳，秋日苇花瑟瑟，令人生出浪迹江湖之思。"余数偕友过之，茗话送日"。震均由于嗜茶，足迹遍及南北，是故名泉、名茶他都品尝过。他所品评过的茶，有碧螺春、龙井、六安茶等。他所搜集的茶书也多，当然，最爱读的还是"茶圣"陆羽所著的《茶经》。

清末茶事，犹如江河入海，盛况难再，然而震均"风檐煮茗"的心境毕竟还是承接了千年的茶心，他又岂是我们观念中大茶馆里提笼架鸟的八旗子弟形象呢！

水车依然进宫门

末代皇帝溥仪退了位，紫禁城内"前三殿"再也不能去了，不过他还拥有"后三宫"以及过去后妃们活动的场所。在不到半个的紫禁城内，仍然是个以小皇帝为尊的小朝廷。退位后的溥仪，无论是上学还是外出玩耍，总有一个小太监挑着茶盒跟在后面。溥仪和太妃们所享用的茶叶，讲究色香味俱全，那时北京吴肇祥茶店，就是为小朝廷提供香片的大户，一斤香片要价三四十两银子。

小朝廷内有位敬懿太妃，她是同治帝载淳的妃子，论辈次她是溥仪的母妃。此妃住在长春宫，自己拥有茶房。她每日早上起床后，先由老妈、宫女为她穿衣着袜，然后进餐、诵佛经，用茶之后吸水烟。小朝廷饮食用水，不是一般用水，仍然是用禁止民间汲食的玉泉水，因为玉泉的水最适合泡茶。每天那辆用毛驴拉的水车，上面插着一面小黄旗，仍然赶到四十里外的玉泉山，拉了玉泉水往回赶，时近黄昏才进入神武门。

玉泉水沏出的上等香片，似乎成了清宫享茶的标志。清帝退位了，紫禁城里的生活照样延续，然而毕竟将成为王朝的背影、故国的茶烟。

千金酬茶

　　南京的钟山之巅，常年笼罩在云雾之中，环境清幽无比，人迹罕至，传说在那里产一种茶。山中有个白云寺，每到春天采茶的时节，寺中的僧人必定会选择在云雾朦胧的时候去摘取。这时采摘下的茶叶炒制后冲泡在盏内，茶汤会分出三个层次，茶烟氤氲，在茶碗中升腾起云雾之状，浮浮沉沉，亦真亦幻。如果是在日出雾散的时候采到的茶，虽然也极好，就没有那种神奇的效果了，所以这种茶的产量每年都非常的稀少。

　　有个读书人在白云寺里读书，空闲的时候就与僧人交流，渐渐的就与和尚们交情深厚起来。临行前，僧人就赠送他一小包这种云雾茶。读书人一看，这么小的一包茶叶，这些和尚未免也太小气了，心中十分轻视，到家后就随手扔在了书架上。若干年后，有一位显贵苦苦寻觅这种茶想要进贡给皇帝，千方百计总也找不到。消息传到了这个读书人的耳朵里，他忽然就回忆起白云寺和尚所赠的那一小包茶叶。从书架上取下来，打开一看，这茶的色香竟然一点都没变，就尝试着献了上去。那位显贵一看，正是遍寻不得的好茶，喜出望外，当场就拿出了两千两银子，作为这包茶叶的酬金。那读书人至此才知道这茶叶的珍贵。

如此好茶，神乎其神，在山中寺中，它只是好，只与自然、性灵相关，等它到了世上，就有了身价，虽然值千金，终究可以被买卖。这个白云寺里的读书人也实在很像《红楼梦》里的那位贾雨村。

茶叶的后裔

中国的少数民族中有很多都种茶、嗜茶，甚至以茶为生。德昂族不仅嗜好饮茶，善于种茶制茶，更把茶看做自己的祖先。

传说德昂族的始祖母是茶叶仙子。在很久以前，天界有一株茶树，想到人间生长，达然（智慧的神）考验它，让狂风吹落它一百零二片叶子，单数变成五十一个精明能干的小伙子，双数变成五十一个美丽动人的姑娘。当他们欲迈向尘世时，都遭受恶魔无数次刁难阻挠，经过艰苦斗争，他们终于取得了胜利。可是，当他们陶醉于胜利的喜悦之时，一阵阵狂风，把五十个姑娘和五十个小伙子吹回了天界，只留下最聪明的小弟弟和最美丽的小妹妹在人间结为夫妻，他们就是茶叶仙人所化的德昂人的始祖达楞和亚楞。

可见，茶这种植物有其神性，茶叶曾是德昂人的图腾，是人类植物崇拜的对象。

当代茶圣吴觉农

被誉为"当代茶圣"的吴觉农先生（1897—1989 年）是中国茶业复兴、发展的奠基人，是中国现代茶学的开拓者、享誉国内外的著名茶学家，更是中国茶界一面光辉的旗帜。他为振兴华茶艰苦奋斗了一生，在长期实践中形成的吴觉农茶学思想，为中国茶业现代化做出了历史性的伟大贡献。

1897 年，吴觉农出生于浙江茶区上虞丰惠镇，他从小对茶产生兴趣，半殖民半封建社会的残酷现实，使吴觉农立下志向，要革新中国茶业。1919 年，吴觉农赴日本留学，专攻茶学。而那个时期，中国正经历着百年屈辱，甚至原产于中国的茶，也被帝国主义质疑，连归属权都险些丧失。英国人提出印度是茶的原产地，日本人提出日本原本就有"自生茶"，还有什么非洲原产地说、多原产地说。

在这样的背景下，就像鲁迅在日本看到国民面对屠杀时的麻木表情因而弃医从文、以文学救国一样，有一件小事触动了吴觉农，让他下决心要就这个问题向列强讨回公道。

有一次，一个日本学生手里拿着一个梨子，在他眼前晃着，突然问道："你们中国也有这种东西吗？"吴觉农一方面觉得这种问题近乎荒唐，另一方面又认为不足哂怪，因为日本教科书上往往只有这些水果的日本名称，以至于不少学生认为只有日本才有这样的东西。推之于茶叶，也是一样。不少英美人看到茶叶包装上印着"CHINA TEA"就感到不可思议，问："中国也有茶树吗?"

在那样一个民族危难深重的时代，吴觉农用最严正的学术态度来考证此事，在二十五岁时发表了《茶树原产地考》《茶树栽培法》和《中国茶叶改革方准》三篇论文。论文中，他分析了中国茶叶出口的历史，并从栽培、制造、贩卖、制度和行政、其他的关系等几个方面剖析了华茶失败的根本原因，同时提出了培养茶业人才、组织有关团体、筹措经费、茶税分配等振兴华茶的根本方案。字里行间的那种据理力争义正词严，完全是热血青年热爱祖国的激昂基调。

1922 年，吴觉农从日本留学回国，从此一生事茶。他对中国茶业做出了卓越的十大贡献：一、首次全面论证、提出中国是茶树原产地。二、最早提出中国茶业改革方案。三、倡导制订中国首部《出口茶叶检验标准》。四、与复旦大学文学院院长孙寒冰在中国高等学校中创建第一个茶叶系。五、创建第一个国家级的茶叶研究所。六、最早提倡并实施在农村组织茶农合作社。七、主持翻译世界茶叶巨著《茶叶全书》。八、组建新中国第一家国营茶业专业公司——中国茶叶公司。九、主编"20 世纪新茶经"——《茶经述评》。十、倡导建立中国茶叶博物馆。

今天的中国茶叶博物馆里还挂着吴觉农先生的题词："中国茶业如睡狮一般，一朝醒来，决不至于长落人后，愿大家努力罢!"

茶迷贵妇人

　　荷兰是最早将茶叶从中国转贩欧洲的国家，其历史从 17 世纪初年的 1605 年就开始了，这也是中国与欧洲茶叶贸易的开始。荷兰商人用来自殖民地的胡椒、香料等土产到中国交换陶瓷、丝绸、茶叶等物品。从中国装运绿茶至爪哇，再辗转运至欧洲。荷兰人向中国商人购买了大量的中国茶叶，茶叶的主要品种有武夷茶、松萝茶和珠茶等等。

　　茶叶在欧洲的初始形态是药，荷兰人将其放在药店里销售。1666年，阿姆斯特丹的每磅茶叶售价是 3 先令 4 便士，而在伦敦则高达 2 英镑 18 先令 4 便士。所以一般人是消费不起的。

　　作为药物的中国茶，一度在荷兰成为万灵之水，有一位被人们称为庞德尔博士的荷兰医生，建议人们每天喝茶，说："我建议我们国家所有的人都饮茶！每个男人、每个女人每天都喝茶，如果有条件最好每小时都喝，最初可以喝十杯，然后逐渐增加，以胃的承受力为限。有人病了，建议喝五十杯到两百杯。"这几乎已到迷信的地步了。

　　最初，茶仅仅是作为宫廷和豪富社交礼仪和养生健身的奢侈品。以后，逐渐风行于上层社会，人们以茶为贵，以茶为荣，以茶为阔，以茶为雅。进而逐渐普及到民众。饮茶的大众化，不仅促使社会上茶室林立，以茶为生的商业性茶座应运而生，家庭中的早茶、午茶、晚茶风起云涌，而且十分讲究以茶献客的礼仪，从迎客、入座、敬茶、品茶、寒暄到辞别等仪程均甚为严谨，既寓有东方人的传统美德，又含有西方人放纵的生活风情，茶、茶仪、茶的文化，凝聚了东西方社交文明精神。一些富有的家庭主妇，以家有别致的茶室、珍贵的茶叶和精美的茶具而自豪。随着人们对茶的追求和享受欲望的不断增长，荷兰对饮茶几乎达到狂热的程度，尤其是一些贵妇人，她们嗜茶如命，躬身烹茶，弃家聚会，终日陶醉于饮茶活动，以致受到社会的抨击。

18 世纪上演的喜剧《茶迷贵妇人》就是对茶在当时社会引起轩然大波的最生动的写照。《茶迷贵妇人》对推动西方饮茶风俗的影响也是深远的。这出戏至今仍在上演。

荷兰贵妇人饮茶

荷兰人意识到茶叶对国民生活的重要性，他们开始自己试验生产茶叶。1728年，荷属东印度公司在其殖民地印尼植茶，没有成功，成功的却是他们参与了茶在品饮方面的创新。据说奶茶品饮法的发明与荷兰人有关。1655年，中国清廷官吏在广州宴请荷兰使节之时，发现了茶与牛奶混饮的奶茶饮法，从此风靡欧美世界。

目前，荷兰本地人爱饮佐以糖、牛奶或柠檬的浓郁、柔和的红茶；旅居的阿拉伯人则爱饮甘冽、浓重的薄荷绿茶，而中国式茶馆则以茉莉花茶最受人欢迎。

饮茶皇后

自 12 世纪与 13 世纪欧洲人迷恋上香料和胡椒之后，17 世纪，中国茶作为影响文明力量的"奢侈品"，开始登场。"只有茶叶成功地征服了全世界。"

英国"饮茶皇后"凯瑟琳（1638—1705 年）原是葡萄牙公主，姿色出众，体态轻盈，嗜饮中国红茶。

1662 年 5 月 13 日，14 艘英国军舰驶入朴茨茅斯海港。船上最尊贵的乘客、葡萄牙国王胡安四世的女儿凯瑟琳·布拉甘扎下船后，给她的未婚夫查理二世写了一封信，宣布她即将到达伦敦。那天晚上，伦敦所有的钟都敲响了，许多房子的门外燃起了篝火……可是查理二世却在他的情妇、已经身怀六甲的卡斯尔·梅因夫人的家中吃晚餐。

据说，查理二世是在一大笔嫁妆的诱惑下缔结这场婚姻的。葡萄牙国王承诺给他 50 万英镑，他不顾一切地要得到这笔钱，以偿还他从英联邦政府那里继承的债务以及他自己欠下的新债务。六天后，他赶到朴茨茅斯港，和凯瑟琳举行婚礼时，生气得差点要取消这桩婚姻：凯瑟琳只带来葡萄牙承诺的嫁妆的一半，而且，即使这一半的嫁妆也不是现钱，而是食糖、香料和其他一些准备在船队抵达英国后出卖的物品。凯瑟琳的嫁妆中包括 221 磅红茶及各种精美的中国茶具，而在那个时代，红茶之贵重堪比银子。

结婚后，这位皇后老在自己的后宫饮一种琥珀色的饮品，甚至在一些宫廷宴会上，当人们向她敬酒的时候，她也总是举起自己那特用的杯子，款款喝上一口这种琥珀色的饮料。最为令人费解的是，这种饮料似乎不像酒那样会让人醉，而是让人更加容光焕发。于是，饮茶风尚首先在英国王室传播开来。为满足皇后的嗜好，宫廷中开设了气派豪华的茶室。有时皇后雅兴所致，邀请一些公爵夫人到宫中饮茶，成为上流社会的一个社交项目。由于皇后的推崇，贵族妇女也兴起了饮茶风尚。一些富贵之家的主妇，群起效仿，在家中特辟茶室，以示高雅、阔绰、时髦，中国茶叶由此成为英豪门贵族修身养性的灵丹妙药而风行，因此，凯瑟琳也就被称为英国历史上第一位"饮茶皇后"。

1663 年，凯瑟琳 25 岁生日，也是她结婚周年纪念日上，英国诗人埃德蒙·沃尔特作了一首赞美诗《饮茶皇后之歌》献给她，以表祝贺：

> 花神宠秋色，嫦娥矜月桂。
>
> 月桂与秋色，美难与茶比。
>
> 一为后中英，一为群芳最。
>
> 物阜称东土，携来感勇士。
>
> 助我清明思，湛然志烦累。
>
> 欣逢后筵辰，祝寿介以此。

这首优美的《饮茶皇后之歌》作为国外的第一首中国红茶诗，在西方茶文化中享有一定的地位。

"饮茶皇后"凯瑟琳

　　而后法国皇后对这种神奇的饮品投入了极大的关注，也许是出于女人天性的敏感，她直觉这种饮品与凯瑟琳的身体健美有着某种神秘的联系。于是，在贪念和嫉妒的引领下，这位皇后派出一位心腹侍卫官去探询琥珀色饮料的秘密，侍卫官夜晚潜入英国皇后的卧室偷茶。但是事情很快就败露了，侍卫官被捕获绞死，这就是牵动朝廷、轰动伦敦的"红茶事件"。

　　那位将茶叶作为嫁妆带进英国的凯瑟琳，让中国茶从英国开始，与世界有了一种极其奇妙的结合。那么凯瑟琳作为皇后的那个时代，如何得到一箱中国茶呢？

　　在英国东印度公司被政府解体之前，这家起家于运输远东香料的英国公司，在相当时间里垄断着中国茶叶生意。在它的年度运输量里，多数时候茶叶占到 80%～90% 的份额，偶尔竟能达到全部。但是，将一船中国茶运到英国，并不容易。东印度公司使用一种极为结实、粗短和笨重，被形容为"中世纪古堡与库房的杂交物"的船来运送中国茶叶——通常，这种船在 1 月份离开英国，绕过非洲好望角，然后乘着东南季风航行，在 9 月份的时候到达中国。那时候，茶叶已经收获，如果运气好，他们可以在 12 月份满载着茶叶起程回国。回国时，这些船往往沿着迂回曲折的路线航行，一切取决于风向……如果顺利，他们可能会在次年 9 月份到达英国，一般更可能在 12 月或更晚到达。这样，整个往返旅程一般需要整整两年时间。而如果他们在中国延误了时间，未能赶上当年的东北季风，只能等待第二年的季风，要再耗上一年时间，才能回到英国，往返用时则将超过三年。

英国人当然一如中国人，对新茶有着异乎寻常的迷恋。这种迷恋所诞生的最富戏剧性的故事，则是运茶的快速帆船比赛。1849 年，美国人制造的快速帆船"东方号"，从香港出发，只用了 97 天即到达伦敦，比东印度公司的笨拙的船只快了三倍，轰动伦敦。运茶快帆竞速赛，又引发了另外一场角逐：下注赌哪艘船更快到达。最高峰时，有 40 艘快帆参加比赛，赌资甚巨。苏伊士运河开通后，这种激荡人心的快帆比赛，终告结束。

英国这个绅士的国家真是为茶而疯狂。

安娜夫人的下午茶

　　下午茶的习俗起源于 17 至 18 世纪，当时英国人的晚餐时间大概在晚上 7 点至 8 点半，而午餐分量又很少，长长的下午没有食物可充饥。据说，英国伦敦的贝德福特公爵夫人安娜·玛丽亚兴起一个念头，要她的婢女每天下午 5 点时，把所有的茶具在她的起居室准备好，让她可以享受到一杯茶以及一两片面包加奶油。伯爵夫人发现这样的下午茶实在是相当完美的饮食补充，开始邀请她的朋友在她的起居室加入她的下午茶会，展开了一种崭新的社交方式。这样的形式社会意义比餐点的实际功用还要大。当时的女士们，如果不约朋友一起前去闲话家常，就不会独自喝下午茶；她们一定要在一些合适的公共场所喝下午茶，好让一些适合她们品味的人看见她们。一旦这样的趋势流行起来，上流社会就开始在任何一种场合中举办茶宴——会客室茶可以给一二十人的小团体享用，小型较亲密的也可以让三四个朋友使用，还有在花园里喝的茶，在家里享用的茶，甚至有可以接待两百个人的茶会，也有网球茶、槌球茶、野餐茶等等，不一而足。中产阶级也开始模仿有钱人，因为他们发现请朋友喝茶并不需要花费太多的金钱。只要几壶茶，加上一些专门在喝茶时吃的三明治、热奶油土司、小油酥和一两块蛋糕，就可以宾主畅饮了。

下午茶的传统自 18 世纪开始形成，到 1840 年左右，已经完全成熟，时间在下午 4 时左右，一直延续到如今，仍然是英国人招待邻居、朋友最理想的方式。安娜夫人无心插柳却引领时尚，创造了茶文化中重要的欧洲品茶方式。

英国维多利亚时期的下午茶

哥德堡号沉茶

在很长一段时间里，荷兰在欧洲引领了饮茶的风尚，17 世纪 30 年代，茶叶从荷兰传入法国，1650 年茶由荷兰人贩运到北美。1644 年，英国人在厦门设立商务机构，开始贩茶；瑞典、丹麦、法国、西

中荷茶叶贸易

停泊在广州口岸的英国东印度公司商船

班牙、德国等国的商人也相继从中国贩茶，并转卖到欧美各国，其中瑞典东印度公司商船"哥德堡"号，在中国茶叶的远销上起到了重要作用。

从 1731 年到 1806 年的 75 年中，瑞典东印度公司进行了 130 次的航行，其中 127 次都是驶达中国广州，购买主要商品茶叶。哥德堡号是东印度公司船队中最大的船，1738 年下水。1745 年 1 月 11 日，哥德堡号装载七百吨货物（茶叶约 370 吨，瓷器约 100 吨）返程。1745 年 9 月 12 日，航行了大半年的哥德堡号即将抵达故乡哥德堡，船员们的家人已经能在岸边眺望到船的身影了，噩运突然降临。就在离岸不到 1 公里的地方，哥德堡号撞到了巨大的暗礁，这艘载满茶叶的巨轮就此沉没。

哥德堡号一沉没，东印度公司就开始打捞，两年间捞起了 30% 的货物，销售后利润为 14%。1906 年至 1907 年间，两位商人获得打捞资格，之后哥德堡号似乎就被遗忘了。到 1986 年，新一轮打捞开始了，一直延续到 1993 年。数百年间，人们从中打捞起大量的茶叶和饮茶用的精美瓷器。被海水与泥沙淹埋近 260 年的沉船重见天日。更令人惊奇的是，分装在船舱内的 370 吨茶叶，一直没被氧化。其中一部分还能饮用。泡一小杯，轻啜几口，虽茶味淡寡，似有木屑香气，口味却是悠长的。据记载，沉船中的中国茶叶，数量最多的是安徽休宁地区的松萝茶和福建武夷茶。

中国茶叶博物馆收藏着两份哥德堡号沉船茶样。它们是 1987 年从沉船中打捞起来的，一份是时任副总理田纪云转赠的，一份是瑞典驻上海大使馆赠送的。哥德堡号上的茶叶包装之防潮、防腐、实用，让我们再次感悟到古代人民的聪明才智。沉船中迄今发现三种不同类型的茶叶，我们看到了其中的两种。品质较好的一种用小木箱装，箱板厚 1 厘米以上，箱内先铺一层黑色铅片，再盖铺一层外涂桐油的桑皮纸。内软外硬，双层间隔，被包裹在里面的茶叶是难以被氧化的。

哥德堡号的沉没，让乾隆时期的中国茶呈现在今人的眼中，也证明了中瑞之间曾有过一条非凡的海上茶叶之路。今天在哥德堡市，人人都知道中国，人们对中国茶叶和瓷器的热情更是近乎虔诚。2006年，当代瑞典人按传统工艺重造哥德堡号，再次驶入了中国广州。

巴尔扎克的中国茶

　　法国著名作家巴尔扎克喜欢喝浓浓的中国茶，还有一个巴尔扎克神吹中国茶的故事呢。

　　一次巴尔扎克在招待朋友时，神态虔诚地端出一只雅致的堪察加木匣，小心翼翼地取出一只绣着汉字的黄绫布包。他慢慢地一层一层地打开布包，拿出一小瓶呈金黄色的优质红茶来，然后向满座高朋滔滔不绝地介绍起这茶叶的来历。他十分神秘地说，此茶是中国某地的特产极品，一年只产几斤，专供大清皇帝独享。此茶采摘必须在日出前，由一群妙龄少女精心采制加工而成，并载歌载舞送到皇帝御前。

　　大清皇帝舍不得独享，馈赠了几两给俄国沙皇。因此物太珍贵，害怕有人抢劫，还专门派出卫队武装护送，好不容易才送到了沙皇手上。沙皇得到这一珍品后，也舍不得独享，便分赐给大臣和外国使节们。巴尔扎克声称他所拥有的这一点儿珍品，是通过驻俄使节，几经周转才到手的。

　　当宾客们听得目瞪口呆时，巴尔扎克还不肯罢休，又继续添油加醋道："此茶具有神效，切不可放怀畅饮，只一杯，便能提神、清心。谁要是连饮三杯必盲一目，饮六杯则双目失明。"宾客们将信将疑，俯首从命，细品一杯后，谁也不肯再多饮一口。

不愧是法国大文豪，把中国的茶叶夸得神乎其神，足见其爱茶之心。除了巴尔扎克，各国文豪多有爱茶者，溢美之词不胜枚举。俄国的女诗人阿赫玛托娃称赞茶是来自中国的"复活之草"。中国的文学大家如鲁迅、林语堂、梁实秋、周作人、丰子恺、巴金、冰心、黄裳、汪曾祺等皆有写茶的名篇呢！

波士顿倾茶事件

　　英国东印度公司不仅仅是将茶运售国内及欧洲其他各国，1670年，它开始将茶卖到美洲殖民地。不过，早在1620年，有一批来自英国的清教徒自美国的马萨诸塞州登陆并定居下来，两年后他们向印第安人购买今日的曼哈顿岛，取名为新阿姆斯特丹城，当时他们即向荷兰东印度公司进口茶叶。1664年，新阿姆斯特丹城为英军所占领，并改名为纽约，自此英国垄断了美国的茶叶贸易，并使美国人也承袭英国人喝茶的习惯。17世纪末，波士顿的商店已贩卖起武夷茶和红茶。英国统治者为了获取更大利润，便趁机提高茶叶税，使新兴的美国不堪重负。为抗议英国提高"红茶税"，1773年12月16日，一群激进的波士顿人，乔装成印第安人，爬上停泊在波士顿港的英国东印度公司商船，将342箱中国茶抛入海中，这批茶叶的数量相当于北美殖民地当时茶叶年消费量的8%。此举激怒了不可一世的不列颠王国，美国独立战争因此而爆发，并催生了一个超级大国的独立。

　　美国独立之后，开始与中国进行直接的茶叶贸易。1784年2月，美国参议员罗伯特等人装备的"中国皇后号"装载了大约40吨人参和其他货物从纽约出发，至8月28日到达广州，在购进88万磅的茶叶和其他中国货后，于1785年5月回到纽约。随后，在美国马萨诸塞州纽柏利港，一种印刷传单上出现了有关中国茶的广告："本店新到上等贡熙、小种及武夷茶，品质极佳。""中国皇后号"这次航行的纯利润为 37 727 美元，为投资金额的 25% 左右。"中国皇后号"对华贸易的成功在美国引起了轰动，紧随着又有"智慧女神号"载回价值 5 万美元的茶叶，获利颇丰。

美国华茶输入的早期多为最低级的武夷红茶，后来是较高级的小种红茶。19 世纪后，品类高的绿茶，如熙春、雨前、副熙等开始增加。中美茶叶贸易的迅速发展给美国带来了极大的利益，因此，中美茶叶贸易得到了美国政府的鼓励，美国政府制定了有利于茶叶输美的税收政策。1789 年，美国开征茶税。1883 年，美议会通过首部茶业法。直到今天，"茶党"依然活跃在美国的政坛上。

茶叶战争

敲开中国近代史大门、奠定了东西方现代文明格局的"鸦片战争"，其实更应该被称为"茶叶战争"。

公元 1793 年，乾隆八十三岁寿诞，万寿无疆的颂歌响彻云霄。此前一年，大英帝国以祝寿为名，派遣由马嘎尔尼率领的外交使团出使中国，以图实现真正意义上的近代首次东西方大帝国相会。

使团全部费用，由东印度公司承担。公元 1600 年成立的英国东印度公司，于 1664 年，把从中国进口的一筒两磅两盎司的茶叶，作为贵重礼品献给英王——英国直接进口中国茶叶的历史自此开始。

一百余年过去，1785 年，英国进口华茶已达 1 050 磅。东方神秘绿叶在英伦三岛的传奇，启发了东印度公司的思路。这是一个既拥有军队又贩卖茶叶的公司，它一手握着剑，一手拿着账簿。此时，它产生了一种两全其美的梦想，将华茶移植殖民地印度。正是这种关于茶的梦想，把东印度公司和马嘎尔尼，送上了同一条驶向大清王朝国土的舰船。

马嘎尔尼的外交使命，一开始就因为纠葛于双膝还是单膝向中国皇帝下跪而失败。但华茶为他弥补了一切，把优质茶树苗引入印度，光这一项也就不枉此行了，而且，在下个世纪，这次出使的费用将被

清代英国来华运茶帆船

百倍地偿还。离开北京南下返国的途中，马嘎尔尼使团由北京至杭州，复由陆路经浙江、江西、广州。在浙江和江西的交界之处，他们得到了茶树的活株。

中国浙赣交界处藏之于深山的瑞草，从此来到南亚次大陆恒河流域的加尔各答落户生根。可以说，没有二百多年前从那艘马嘎尔尼出使中国的"豺狼号"战舰上运载去的华茶，便没有今日作为世界上最大茶叶出口国的那个印度。

中国向西方投之以桃时，并未想要他们报之以李。但一种植物的芬芳还是引来了另一种植物的迷香。两种植物各从东方和西方出发，开始了它们在近代史上的独特远征。一百年时间，英国人的茶叶消费量大涨两百倍，这个时候，这个国家面临的真实的问题是：英国人未来有没有足够的银子从中国购买茶叶？所谓茶征服世界，是茶这种饮品的传奇而已，但回到国家的关系角度，英国政府如何处理国民的这种群体性趣味偏好？由茶出发，我们又回到历史演进的一般描述：英国为了换回国内亟需的茶叶，一方面想方设法从美洲弄到白银，另一方面又庆幸在印度找到了引起中国人购买欲望的鸦片。于是，全世界因为茶叶、白银和鸦片而连接在一起了。过去我们谈论对中国有决定性意义的"鸦片战争"，相对集中于鸦片之于中国的影响，忽视了更关键的茶叶之于英国的重要性。那场战争，以及中国被动地进入全球市场，茶，才是更隐匿的线索。1813 年至 1833 年，中国的茶叶和英国的鸦片的交易量之比是一比四。清帝国在毒品中动摇了。

茶是和平的，罂粟是邪恶的；茶往西方去的同时，鸦片向东方疾驰而来。天津、上海、杭州、福州、厦门、广州等地，都成了著名的茶叶集散之地。1842 年大清帝国签订《南京条约》五口通商之后，快箭船载着华茶，便全方位地驶向太平洋和大西洋。轰轰烈烈的中国近代史就这样被茶叶打开了大门，所以我们所说的敲开中国近代史大门的"鸦片战争"更是"茶叶战争"。

茶叶虽小，影响世界，力量却不弱。一片小小的鲜叶，无论炒青作绿茶，还是萎凋成红茶，漂洋过海，千回百转，最终成就的历史，远远超出我们的想象。

俄国"刘茶"

刘峻周（1870—1939 年），是被格鲁吉亚人民称为"红茶之父"的中国茶人。由他种植、创制的茶叶，享誉欧洲，被俄国人称为"刘茶"。

刘峻周祖籍为广东肇庆，少年时代随其舅父来宁波习茶。因为祖上三代都有战功，他的父亲更是在出征广西时战死沙场，作为遗腹子，一出生就领到了皇旨。皇上命他日后做"武秀才""尉官"，总之是继承他父亲的职务，而且从未成年开始就享有官俸。他的母亲生在一个大家庭，家族主要经营茶叶、茶庄生意。族中的孩子无论男女都上私塾，读书识字，他的母亲也是书香门第的大家闺秀。

刘峻周是独生子，从小就跟着母亲学习，习武、骑马等都成了他终生的兴趣。后来他甚至给自己取了个别号叫"天涯马痴"，因为他曾远赴他乡，和祖国相隔天涯。

清末时期的广东，革命浪潮高涨。刘峻周的不少朋友都参加了革命，他自己也资助过同盟会。他的母亲怕他被清政府发现，受到牵连，让他离开广东，不再习武。于是他通过舅舅的关系，到江浙宁波一带学习茶叶种植技术和茶庄经营。

刘峻周一年有两三个月在家，其余时间则在茶厂，在那里待了五年：头三年是实习生，后两年则升为厂长助理。也恰恰是在这个历史时代，俄国茶商对中国茶叶建立了更为迫切的需求。

从19世纪中叶起，俄国当局和一部分经营茶叶的资本家，已经萌生了把中国茶树引入俄国栽种的意图。1893年波波夫茶叶贸易公司经理康斯坦丁·谢苗诺维奇·波波夫再次来到中国考察茶叶种植技术，并正式向刘峻周发出建议，希望他能够到高加索去发展种茶事业。刘峻周欣然接受了建议。一个新的国家吸引着他，在那里他将成为种茶的先行者。波波夫托他为他未来的种植园购买几千公斤茶籽、几万株茶树苗。最后决定走的有十二人。他们同波波夫签了为期三年的协议。

刘峻周一行来到高加索。头三年建起一个大暖房培育茶树苗，在三个领地种下约80俄亩（相当于87.2公顷）的茶树，并完全按照中国的形式建立了俄国第一座小型制茶厂，配置了各种制茶机器，以当地的原料生产茶叶。此举大获成功，扭转了几十年来在黑海沿岸种植茶树徘徊不前的局面，在俄国引起了不小的轰动。

三年合同期满后，刘峻周决定留下继续工作，他被波波夫委派回中国购买一批新茶树苗和茶籽。1897年5月，刘峻周带着全家，包括母亲、妻子、义妹、五岁的儿子和刚生下不久的女儿，还有十二名茶工及家眷，第二次来到格鲁吉亚巴统。

1900年法国巴黎举办世界工业博览会。琳琅满目的产品中包装考究的茶叶备受瞩目，它们来自印度、锡兰（今斯里兰卡）、俄罗斯……中国当时正受八国联军的侵袭，没有参展。结果，俄罗斯波波夫公司刘峻周茶厂生产的茶叶获第一名，波波夫因世界最优质的茶叶获金质奖章。

1901年，刘峻周被请到恰克瓦担任茶厂主管，那年他的母亲病逝异国，并且就葬在了恰克瓦茶园之间。为皇家庄园工作了十年的刘峻周被沙皇授予"斯坦尼斯拉夫三级勋章"。皇室地产总管理局建议他加入俄籍。刘峻周感谢他们的关怀，但婉言谢绝了，因为他始终不忘自己的祖国。

今天，整整一百年过去了，格鲁吉亚人依旧以"伊万·伊万诺维奇·刘"的称呼提及刘峻周，他居住的恰克瓦村，至今保留着以他的姓氏命名的"刘茶"茶园，巴统市的博物馆也陈列着他的照片。这印证了中国茶、中国茶文化在这个世界上得以传播的力量。一个茶人如同一位传教士一样坚定执着，充满力量，然而初心不改，值得我们后人永久怀念。

◎ 下编

故事里的名茶

西湖龙井

　　西湖龙井茶位列中国十大历史传统名茶之首。它产于杭州西湖山水之间，富含江南灵气，以色绿、香郁、味甘、形美"四绝"著称。爱茶者说，龙井茶"淡而远""香而清""醇而圆""秀而美"，别具一格，独树一帜。明代孙一元《饮龙井诗》说："平生于物元无取，消受山中水一杯。"说只要能尝到龙井山中的一杯茶，平生足矣！清代的陆次云说，饮龙井茶，"觉有一种太和之气，弥瀹乎齿颊之间。此无味之味，乃至味也"。历代文人称"西湖风光秀""龙井名茶美"。人们总爱用"无双品""似佳人""胜甘露""通仙灵"等词，来表达对龙井茶的情有独钟。

　　西湖龙井茶唐时有载，宋时出名，明时大振，清时作贡，如今一直作为馈赠中外贵宾的高档礼品茶。那么西湖龙井茶是如何培育出来的？又为何有如此好的品性呢？这里还隐藏着不少美丽而又动人的故事。

　　关于龙井茶的诞生，有一个民间传说。很久以前，在龙井山麓住着一位孤苦无依的老妇人。她生活艰苦，却心地善良，只靠在房前屋后种一些茶树为生。她将采下的茶叶，每天烧一锅茶水，放在家门口，免费给过路客人歇脚时饮用，经年不断。

　　有一年除夕，来了一位鹤发童颜的老汉，问老妇道："家家都在准备过年，你怎么还在烧茶水呢？"老妇答道："我孤老一人，无儿无女共聚天伦，也没钱置办年货祭天祀祖，只能烧上一锅好茶水，为过往行人行个方便。"老汉听罢大笑说："你这位老妇人真是奇怪，放着现成的宝贝不卖，怎么反倒说自己没钱！"老妇纳闷道："我家一贫如洗，哪里还有什么宝贝？"老汉指着老妇家门口的旧石臼说："这不就是宝贝啊！"老妇摆摆手说："这旧石臼值什么钱？你要是喜欢，只要搬得动，就拿去吧！"老汉说："老夫可不能白拿你的东西。明天，我出十两银子，派人来抬这个石臼。"

老汉刚走，老妇人见石臼内满是陈年泥垢，心想人家明天就要来抬走了，这满臼的泥污成什么样子。于是就把个石臼淘洗得干干净净。淘洗出来的泥污正好就拿来浇了茶树。

次日一早，老汉兴冲冲地带人来抬石臼了。一看石臼内的"宝贝"不见了，连忙大叫："啊呀！这石臼内的宝贝哪里去了？"老妇不明就里："这里面哪里是宝贝？分明是满满的泥污。我昨天就清理出来，倒进茶丛旁当肥料了。"老汉叹了一口气说："哎！你有所不知，这石臼中被你清理掉的泥污，其实都是宝贝。现在宝贝不见了，都被你家的茶树吸收了，空留个石臼，我要它何用？好好种这些茶树吧，它们已经是宝贝了！"说罢，那老汉瞬间消失得无影无踪。

果然到了第二年，老妇家门前的茶树发芽，变得鲜嫩翠绿，不同寻常。炒出来的茶叶，味美香高。龙井乡民闻听此事后，到了这年秋天，纷纷将老妇茶树上结出的茶果，摘来在四邻栽种。从此，龙井茶乡种出来的茶，变得滋味醇正、香气清新、色泽诱人了。这石臼中的"宝贝"究竟是何物呢？不得而知，故事到此为止，令人浮想联翩。

乾隆幸龙井

相传，乾隆皇帝一次巡幸杭州时，为体察民情，来到西湖龙井狮峰山下的广福院前，看见龙井村姑正在茶山采茶，心中一乐，也就学着采起茶来。谁知刚采了几把，忽见太监来报："太后有病，请皇上急速回京！"乾隆一听，随手将采下的茶树嫩梢往衣袋一放，日夜兼程，急忙回京。到了京城，进得宫内，来到太后面前请安。其实，太后因年岁大了，多吃了些山珍海味，一时消化不良，肝火上升，以致肚胀难受，眼睛红肿，并无大病。而今见到皇儿到来，自然高兴，病已好了一半。此时，太后又觉有股清香袭来，便问带来什么好东西？乾隆也深觉奇怪，哪来的清香呢？他随手一摸，原来是杭州狮峰山的一把茶叶，便拿给太后看。由于过了数天，茶叶已经被压扁，而且干了，发出了一股浓郁的香气。太后便想尝尝茶叶的味道，于是宫女将茶泡好，送到太后面前，果然清香扑鼻，太后喝了一口，双眼顿时舒适多了，喝完了茶，红肿消了，胃也不胀了。太后高兴地说："杭州龙井这种茶叶，真是灵丹妙药。我就喜欢喝这种又扁、又香的茶叶。"乾隆皇帝见太后这么高兴，立即传旨下去，将杭州龙井狮峰山下胡公庙前那十八棵茶树封为御茶，每年采摘新茶，专门做成扁平形，进贡给太后。以后的龙井茶就都是做成了扁

狮峰龙井治好太后病

平形的。

　　另外，后人将乾隆皇帝采过的十八棵茶树，命名为"十八棵御茶"。至今，杭州龙井村胡公庙前还保存着这十八棵御茶树。

龙虎双绝

　　虎跑泉位于杭州西湖西南大慈山白鹤峰麓。相传在唐以前，这里既无泉，也无寺。唐宪宗元和年间（806—820年），高僧寰中（性空和尚）云游到此，认为其地适合佛门修身养性，便有心栖禅于此，但又感缺乏生活用水。一日，小寺来了大虎、二虎兄弟俩，身强力壮，愿拜性空和尚为师，要为寺院挑水。但他俩纵有千斤之力，也无法满足一个大寺院生活用水的需要。一天，大虎忽然想起南岳衡山有口童子泉，甘洌香甜，适合泡茶煮饭。于是，便和二虎一同去衡山搬泉，谁知用尽全力，分毫不动。正在无计可施之机，护泉小仙童指点道："只要你们兄弟俩愿意脱俗成虎，便可将泉移走。"兄弟俩当即同意，遂变成虎。于是，大虎背着仙童，二虎扛着泉，直奔杭州大慈山麓。一天夜里，性空正在打坐，梦见两虎正在禅房外刨地，又见有水从石缝涌出，便成为泉。明代万历《杭州府志》也载，唐元和十四年（819年）高僧寰中居此，苦于无水，一日，梦见"二虎刨地作穴"，泉水从穴中涌出，故名"虎刨泉"，后又改名为"虎跑泉"，这就是虎跑泉的由来。如今，刻于石壁上的"虎跑泉"三个大字，为西蜀书法家谭道一手迹。

　　其实，虎跑泉水是从后山石英砂岩中渗出来的一股泉水，水质极为清纯，还富含许多对人体有益的矿物质成分，是一种很珍贵的矿泉水。若将泉水盛于碗中，即便水面满出碗沿二三毫米，水也不外溢。加之其地四周又是著名西湖龙井茶产地，好茶须用好水泡，所以，历史上，又有"龙井茶，虎跑水"之说。宋代大诗人苏东坡作《虎跑泉》诗，赞美它是"更续茶经校奇品，山瓢留待羽仙尝"。明代，高濂《四时幽赏录》载："西湖之泉，以虎跑为最。两山之茶，以龙井为佳。"清代乾隆皇帝品评天下佳茗，鉴别"通国之水"，敕封虎跑泉为"天下第三泉"，并作有专以虎跑泉品茗为题的茶诗两首，即《戏题虎跑泉》和《虎跑泉》，将虎跑泉的来历，以及用虎跑泉品茶的情趣，写得入木三分。近代，著名文学家郭沫若在游览虎跑泉后，也赋诗赞曰："虎去泉犹在，客来茶甚甘。名传天下二，影对水成三。饱览湖山美，豪游意兴酣。春风吹送我，岭外又江南。"

现今，与虎跑泉连成同一景点的，还有建于唐元和年间的虎跑寺、虎跑亭、滴翠轩等建筑，以及为纪念中国早期话剧活动家、艺术教育家李叔同在虎跑寺出家而建的弘一法师塔，它们与虎跑泉相映成趣，为品泉试茗增添了无限情趣。

紫笋茶

　　关于唐代著名的紫笋茶，湖州民间流传着与陆羽爱情有关的传说。

　　唐代安史之乱，安禄山造反后，整个北方乱了天，一批又一批的难民逃到了江南。二十八岁的陆羽也从老家湖北天门落难到了湖州长兴的顾渚山。

　　顾渚山临近太湖，景致迷人，山里住着一个年轻的女诗人李冶。李冶见陆羽文才出众，心生爱慕。

　　一天，李冶跟陆羽讲起了顾渚山有好茶。陆羽一听有茶，大有兴致，很快就把顾渚山跑了个遍。经过一番勘察后，便在明月峡种了一片茶树，开始研究起茶叶来了。李冶又高兴又心疼他。

　　李冶见陆羽一天到晚只知道他的茶，并不了解她的女儿心事，就自己把话讲明了：要与陆羽成亲。陆羽一听，想自己一生下来就被父母遗弃，为了活命，做和尚，做戏子，一直落难到江南，从没得到过温暖，愿与李冶真心换真情。

　　可李冶的父母得知此事后，认为陆羽一不为官做宰，二不置地经商，自己都养不活自己，坚决不同意，硬是把这桩红事给拆散了。还把李冶关进闺房，并急急忙忙给她找了个婆家。李冶气伤心肝，日日立在窗口头，朝天发呆。陆羽呢，呆呆地看了几日茶树，望了几日太湖，无可奈何。

一年又一年，明月峡的茶树出茶叶了！陆羽采了一大堆，没日没夜地蒸了起来，还特地从茅山、宜兴请来两个有名的品茶和尚，要他们尝尝自己蒸的茶叶。两个和尚从日出吃到日落，品品尝尝，不忍离去，最后说道："顾渚茶，茶叶嫩绿，茶性温和，味道别致，世上罕见。"

陆羽一听，大喜，制茶成功了！他马上包上一包给李冶送去。李冶见陆羽站在门口，不管父母横眉竖眼，跑出闺房，接过茶叶，两颗眼泪落了下来，她对陆羽说："陆兄，你灯草架桥要过来，竹叶当船也要来！"

陆羽心里一阵酸，眼泪也落了下来，他回道："贤妹，我终究是孑然一身的一介山人，水漫阳桥路不通，井中摇船摇不通啊！"转身走了，为了李冶，他离开了顾渚山。李冶心一横，跑进吉祥寺做了道姑。

采茶的时候又到了，李冶在寺前来回走着，等陆羽回来。一年、两年、三年……寺前的路慢慢陷下去了，陆羽仍旧杳无音信。

这一年，到了谷雨，李冶照例又是一趟一趟地走，一次一次地望，还是不见陆羽，李冶绝望了，她哭起来，哭得感天动地。天上打起了雷，地上一阵巨响。突然，李冶的脚下冒出一股泉水，李冶走出来的路变成了一条溪沟。清潺潺的泉水映着天上的月亮，闪闪发亮。这是李冶几年的眼泪变成的呀！李冶将泉水取名为"金沙泉"。李冶不会陆羽的蒸茶法，她把采下来的茶叶，用金沙泉水洗过，放在锅子里不断地烘、炒、焙。炒出来的茶叶似乎比蒸出来的别有一番风味！用金沙泉水一泡，叶芽又长又厚，形状像兰蕙，汤色清朗，绿中带紫，喝一口，浑身舒服。

顾渚茶的名声从此传开，震动了京城。唐代宗专门来到顾渚山，一边欣赏太湖，一边品尝顾渚茶。喝着喝着竟忘了回去，慌得湖州刺史急忙造了一座忘归亭来提醒皇帝。后来，代宗回到京城后，立即降下一道圣旨，把顾渚茶和金沙泉水列为贡品！又紧靠吉祥寺造了一座贡茶院。

陆羽听到这个消息后，又一次来到顾渚山。他东问西寻，寻到了吉祥寺贡茶院，院里头传出了李冶的歌声：

柳意君莫醉，春桃也堪悉。

陌上莺作断肠喉，逐波是孤舟。

陆羽心痛之极，一步冲进院中。此时的李冶已经重病缠身，奄奄一息，躺在床上，泪流满面。李冶一见陆羽，拼命撑起半个身子，说："陆兄，总算把你望来了！顾渚茶要等你起名字呀。"陆羽一把扶起李冶，泡了杯顾渚茶，看了看，说："贤妹，顾渚茶绿中带紫，形状像笋，叫它紫笋茶好吗？"

李冶说："好，这个名字好。陆兄，我……"话没说完就香消玉殒了。

陆羽像发了疯，喊着李冶的名字，跑到明月峡，跑到金沙泉，可是喊到山崖无回音，喊断泉水无应声！从此，他把整个身心都用在了茶叶上，终生未娶，留下了一部举世瞩目的《茶经》。

民间口口相传，让一代"茶圣"有了一个如此缠绵悱恻的爱情故事。当然这些皆非实有，然而，茶道与爱情，哪个更本质呢？谁又说得清楚。

薛大勇智送顾渚茶

太湖边，有个小小的包洋湖，离包洋湖不远，有两个村庄，一个叫薛家滩，一个叫童庄殿。

相传唐朝时，薛家滩有个小伙子叫薛大勇，他从小智谋过人，胆子很大。

一天，他划了一条小船正在包洋湖捉鱼。这时，从顾渚山方向慢慢地驶来几条沉甸甸的船，里面装的是封好的板箱和一只一只的缸。船工们一个个唉声叹气，没精打采。薛大勇很是纳闷，问道："船里装的什么？运到哪里去？"

"送顾渚茶金沙水到京城。"一个船工懒洋洋地回答。

"今年我们出产的茶叶全部在这里了，真是吃人心肝，叫我们怎么过日子呢？"另一个接着说。

薛大勇一听，愤愤不平，心想，这顾渚茶金沙水怎么能赔钱贴工夫送给混账皇帝呢？这是抗瘟疫、治百病的仙水宝茶啊！

原来，顾渚茶叶本来是一种很平常的茶，这里的老百姓一直靠着采茶谋生度日，生活本来已苦得维持不下去，可屋漏又遭连夜雨，这一年瘟疫流行，穷百姓一个个病倒了，无钱治病，只能等死。

恰在此时，金童、玉女偷偷地下凡。玉女在茶树上呵上了气，一连大雾了七天七夜，顿时，茶枝上抽出了嫩芽，状如紫笋，明亮绿润；金童从玉女的发髻上拔下玉簪，在顾渚山脚下戳了个洞，霎时，细沙中渗出一股清清的泉水，太阳光透过水面，照得细沙金光闪闪，故名金沙水。

人们感到很是奇怪，就用这水泡茶，喝了以后顿觉精神振奋，瘟病全消。大家高兴得不得了，一个个欢欣鼓舞，奔走相告。一时沸沸扬扬，方圆百里的人都到这里来舀金沙水，购买顾渚茶，以治病患。消息越传越远，名声越来越大，结果传到了皇宫里，一道圣旨，顾渚茶、金沙水就成了只能由皇帝品尝的贡品了。

大勇越想越气，不觉大声喊道：“这黑心肠的皇帝，耳朵倒着长吗？听不见民间的疾苦吗？不要送去，不要送去！”

“你这个年轻后生，说得倒轻巧，皇帝已经下了六道圣旨，不送去难道等着杀头吗？”

小伙子默默地思索了一阵子说：“这样吧，你们把茶叶全部挑回去，金沙水全部倒掉，换上发霉的茶和混浊的水，我帮你们送去，看这皇帝能把我怎么样！”

“这样可不行，连累了你白白送了性命。”船上的人纷纷说。

“保证没事，我有办法对付。”薛大勇拍拍胸脯，蛮有把握地说。

大家拗不过他，就照薛大勇说的那样做了。

且说薛大勇把船停留在包洋湖中好长时间，然后带了船工慢慢向京城进发，待运到京城，皇帝已经连下十二道圣旨催促过了。当他看到“仙水宝茶”已经到手，也不十分追究，满心欢喜地打开一看，一股霉气扑鼻而来，顿时龙颜大怒，指着薛大勇大声呼斥：“好大胆，你欺君罔上，胆大妄为。"同时喝令刀斧手马上把他推出去斩首。

薛大勇不慌不忙地说："陛下，这茶叶装上船时，确实是好端端的顾渚紫笋茶。这水也是清澄澄的、亮透透的金沙水。只因包洋湖风大浪险，船只阻隔，延误了日期，使茶叶触风发霉，金沙水变质混浊。"

"胡说。"皇帝不相信。

"陛下如果不信，劳驾亲自去看看，如我的话有假，宁可挨千刀万剐。"

皇帝心想：那里一界仙地，何不乘此去观赏一番。于是皇帝特意叫薛大勇坐在大船上，带了文官武官一路滔滔向包洋湖而来，没有多少时间就到了太湖，人说太湖无风三尺浪，这天正好有风，船颠簸得更加厉害。

啊！太湖真大呀！浪真高呀！深居宫殿里的皇帝，从来也没有遇到过这样的场面，心里有点惊慌。

薛大勇哈哈一笑说："这太湖算什么，比起包洋湖来好似一只洗脚潭呢。"

"包洋湖还要大？到底什么样子？"皇帝禁不住问道。

"要说包洋湖，无风浪十尺。"薛大勇有声有色地说，"河滩都是用锡浇铸起来的，并用铜桩头打牢夯实，要不两边的村庄早已冲光啦。这里有句谚语叫：太湖渺小，包洋湖浩大，铜（童）桩（庄）头，锡（薛）浇（家）滩。我们再过去几里路，马上就要到啦！"说着故意催着船工们快摇。

"慢慢！"皇帝听了将信将疑，派两个武士去包洋湖细细打听。

过了好一会，两个武士慌里慌张地来了。

"我皇圣明！包洋湖的确是铜（童）桩（庄）头，锡（薛）浇（家）滩，我们问了好几个乡民都这样说。"

皇帝这才相信，即命回京。待皇帝和官吏们开船后，薛大勇也坐上了自己的船，一路顺风，欢欢喜喜地回来了。

天 台 茶

天台山是佛教、道教的名山，所出的茶更是独具风味。关于天台茶的传说如同山间的云雾，云去云来，缥缈莫测。

一位京城来的状元，到天台山访贤，遇到一个山村女子，这女子为他解决了一个难题，两人情感甚笃，私订终身。状元答应回京复命后即娶该女子为妻。但是当他重回天台山的时候，小姐不堪相思，已经郁郁而亡，变成了一棵茶树，状元就从树上摘下叶子，咀嚼泡饮，茶味入喉，神清气爽，疲劳顿失。这是关于天台茶来历的一出传说。然而要讲天台山的茶，无论如何不能不讲到道教的祖师爷葛玄。

传说天台山归云洞前的茶圃为仙翁葛玄开辟，但被王母娘娘占为己有，加以封锁，仙人们长生不老，凡间百姓却面黄肌瘦。于是葛玄化身为江湖郎中，告诉当地一名女子秀姑的丈夫黄郎，华顶山上有仙茶，找到归云洞，放出香雾，就可长出仙茶，疗救村民疾苦。黄郎登上华顶，找到归云洞，放出云雾，仙茶立即爆出嫩绿。王母娘娘率领天兵天将捉拿黄郎，但黄郎得到葛玄的暗中神助，非常骁勇。王母难以取胜，因此威胁秀姑，让她丈夫离开，就给她云雾茶，却遭到秀姑的拒绝。王母恼羞成怒，一个霹雳，秀姑化作了一块仙人石，一直守卫着归云洞，日复一日，年复一年。洞前茶圃中的茶也在云雾笼罩下，长势喜人，疗民疾苦。

天台茶风景

　　天台山上有许多风景与茶有关，比如茶潭、茶塘、茶山、茶坪等。天台西部的九遮山，亦名茶山，山下遮山溪，亦名茶山溪。茶山溪畔有范增庙，供奉楚汉相争时项羽的谋士范增。

　　据传，茶山有姓何的四兄弟，老三久病不起，危急之际，一个仙人让他撮土和茶而煎，饮用三天之后，大病痊愈。此位仙人就是范增。后来人们在茶山溪之畔建庙，所供奉的范增也成了当地百姓的心目中的"先皇"佛。

　　茶山溪转了九个弯，经过九个遮挡，奇峰秀水，尤其独特。茶溪蜿蜒，流过明岩，那是唐代诗僧寒山子隐居的所在，茶山溪也成了寒山子诗中的"岩前溪"。寒山子在许多诗句中歌咏这明澈的茶溪之水和翠绿之崖。寒山子不像济公，不会喝酒狂醉，他喜欢静坐。寒岩附近的绿茶，以清澈的茶溪水冲泡，饮用之后，能够进入禅境。

　　天台山有茶潭。明代，天台出了一个清官名叫鲁穆。他回天台探亲，独自一个人去了外婆家。外婆看他形单影只的，就不高兴："平时小小的县官来，都骑马坐轿，敲锣喝道的，你在朝廷当了大官，却一点声息都没有，辱没了祖宗。"鲁穆对外婆说："我怕的是，人来多了，你供不起饭。"外婆不高兴地说："你们要什么东西吃？"鲁穆说：

"我随便什么都可以，但手下的人来了，你烧茶都来不及。你先烧茶吧！"外婆果然烧茶，烧了三日三夜，倒在大豆腐桶里，一字排在门口。鲁穆见外婆动了真格，就立即写了一个条子，上书"鲁都御使身陷三十七都（明清时候，县下设都，用数字排列，三十七都就在天台和磐安交界的地方），没有千军万马救不出"，让人送到县上。县官接信后，立即点齐人马，随即赶到。鲁穆对大家说："各位辛苦了，先喝茶吧。"诸多兵马口渴难熬，用大碗舀茶牛饮。外婆更卖力地烧茶，还是供不应求。鲁穆吩咐将茶叶倒进一个深潭里。所有的兵马都赶到潭边，埋头牛饮不已。鲁穆倾叹道："茶潭，好一个茶潭啊。"因此，那个村庄就被命名为茶潭。

天台罗汉茶

天台石梁飞瀑乃天下奇观，其中方广寺的罗汉茶引来诸多文人的题咏。传说清朝同治年间，台州知府刘璈游览此地，想起了刘禹锡的诗句，觉得自己也是"前度刘郎今又来"。他派人在石梁上镌上他的手迹。石工腰缠绳索，深悬半空，时有性命之忧。而刘知府却悠哉游哉，得意扬扬坐在昙华亭上饮茶，兴致盎然。字迹终被刻好，看着自己的"杰作"，知府心满意足，回到昙华亭，边喝罗汉茶，边摇头晃脑道："天险之处去磨削，百丈崖顶把名刻。"

但是接下来他却绞尽脑汁也续不上来，这时一个老僧端茶上来，续道："昏官漆却古纹琴，痴儿削圆方竹节。"续完这首诗后，老僧对知府一顿痛骂："石梁飞瀑是天然造就，而你在上面题字漆崖，破坏人间佳境，大煞风景，你想流芳百世，实际上就是愚蠢至极！"

刘知府又羞又恼，刚想发作，却猛地惊醒，原来是个梦，哪里来的老僧，只有面前供奉着的一尊罗汉。

金龙毛凤成鸠坑

鸠坑源的鸠岭上，住着一对年轻的夫妻，男的叫金龙，女的叫毛凤。金龙开山种苞芦（玉米），毛凤挖地种茶，两人苦吃苦做，日子勉强过得去。那时，鸠坑源是睦州通往徽州的要道，往来客商，肩挑脚夫，到了鸠岭上，都要坐下来歇歇力，喝口茶，抽筒烟。金龙毛凤待人热情，凡是过路人讨茶，总是笑眯眯地端上一碗热茶给人喝。有的过路客人喝了他们的茶要给铜钱，有的商贩要送他们头巾、针线等一些日用品，可他俩一概不收。因来往人多，他家火塘里一年到头炭火不灭，铜壶里的开水从不间断。一日三，三日九，过往客人来讨茶喝的越来越多了，毛凤在屋后山上种的那点茶叶已经不够用。于是夫妻俩商量，由金龙到老山崖上再开一块新的茶园。他俩的热情好客，吸引了更多的过往客人，所采的茶叶还是不够用，夫妻俩开始发愁了。

这一年冬天，来了一位过路老者。只见他头发胡须雪白，弯腰驼背，身穿道袍，手拄拐柱。金龙毛凤热情地邀他歇息，并冲茶款待。老人喝毕走进厨房，见夫妻俩愁眉苦脸的在商量着什么，便问道："二位主人为何发愁？"毛凤回答："老人家，你路过我们家喝杯茶，是看得起我们，只是过往的客人多，我俩种的茶叶不够，正为此发愁呢。"老人听了，哈哈大笑，捻着白胡须说："我老汉也是种茶人，懂点种茶手艺，不妨带我到你家茶园去看看。"金龙立马起身前面带路，毛凤随在后面，二人一起陪着老人上了屋后老山崖茶园。老人绕茶园一圈，看到茶园四周的茶丛边上春兰、建兰、九子兰比比皆是，一股兰香幽幽袭鼻。老人边走边手捋茶树，口里还念着"好茶好茶，凤蕊龙团；施茶待客，名垂金榜"。说来也怪，自从老人走后，鸠岭上一连半个月又是打雷，又是闪电，整日雾蒙蒙的。金龙毛凤怕茶树受害，心里十分着急，哪知跑去一看，那些茶树非但没有受损，反而更加碧绿粗壮了，连地上的"黄皮塌"也变成松软肥沃的"香灰土"了。这神奇的景象，让夫妻俩十分高兴。

第二年，采下的茶叶碧绿青翠，叶片肥厚，炒制后清香扑鼻。这年的茶叶收成，足足多出了好几百斤。过路客人喝了赞不绝口，都为这爽口的好茶竖起了大拇指。金龙毛凤将多余的茶叶挑到市上去卖，买主开汤一看，茶叶真如雀舌云片，凤蕊龙团，茶色不仅翠绿，喝一口简直沁人心脾，忙问"这是什么茶?"金龙想起老人的话，随手指着老山崖采的茶叶说："这是金龙茶。"又指着屋后采的茶说："那是毛凤茶。"买主连连点头说："好茶，好茶! 金龙、毛凤茶，高山出名茶，果然是名不虚传。"结果，一担茶叶卖了好几担的价钱，就这样，金龙毛凤家的生活也一年比一年好起来了。"山农茶待客，客气富茶农。"金龙毛凤种茶待客变富的事，很快传开了，整个鸠坑源的人都学他俩的样，种茶待客。没过几年，家家的日子都好了起来。

后来鸠坑的金龙、毛凤茶被选为贡茶，在京城里很有名气，真是"名垂金榜"了。不过，皇帝老倌忌讳民间称龙称凤的，就降旨将"金龙、毛凤茶"改为"鸠坑毛峰"茶了。

朱元璋与鸠坑茶

鸠坑茶的传说故事中与朱元璋有着特别深厚的渊源——

相传元至正十七年（1357 年），朱元璋在安徽太平县兴兵起义失败，带着幸存兵马，从安徽南下浙江。经过淳歙交界的谷雨岭时，军师朱升见这里山岭连绵，峰峦叠嶂，便于隐蔽，且能攻能守，就提议屯兵休整。朱元璋采纳了他的建议，命部队停止前进，安营谷雨岭。因长远打算起见，他们就在"谷雨岭"一带筑起了"打天岩"、"打铁岩"和"牧马岩"三个寨。朱元璋亲领士兵，天天在打天岩前的平地上操兵练阵。

谷雨岭上常年云雾缭绕，雨量充沛且光照充足，冬暖夏凉的自然环境非常适宜茶树的生长。因此，这里也成了宜茶的"风水宝地"。刚好是清明时节，满山遍野的茶树已清香吐芽，茶农们开始上山采茶。一边是将士们热火朝天的练兵声，一边是茶农们欢快的采茶歌，一时间，谷雨岭上好不热闹。见此情景，军师又有了主意，他提出趁采茶季节与当地村民搞好关系，让士兵们轮流上山帮忙采茶。朱元璋一听，这个主意不错，就叫手下召集一批士兵上山采茶。

春天多雨，尤其是山里更是雾重气湿，部队又在整天练兵，士兵们常常汗一身，雨一身，贴身的衣服一会儿被体温焐干，一会儿又被汗水和雨水淋湿。时间一长，风寒侵袭，就是铁打的身板也扛不住了。士兵们相继病倒，几乎每天都有人倒下。见此情况，朱元璋不由心生焦虑，忙与军师和军医商榷。正当一筹莫展时，山下来了一位老茶农，随身还带着两大包茶叶。他对朱元璋说："我有一个治风寒的偏方，可愿意试试？"老茶农的话让朱元璋眉头舒展，他连声说："愿意，愿意，只要能治病就行。"老茶农叫人把茶叶拿到伙房，并吩咐赶紧生火烧水，又转身钻进了草蓬。在草蓬里他找到了茅草根和葛藤，又问伙头要了生姜和大蒜，然后一并剁碎放入锅中大火熬制。水开后，他倒入茶叶继续熬。大概过了一个时辰，茶汤熬好了，老茶农舀了一碗请朱元璋品尝。朱元璋接过碗，慢慢喝下，片刻间就觉得一阵阵热气从体内升腾，筋骨渐渐舒缓，整个人一下子神清气爽。也许是第一次喝到这种茶汤，朱元璋不由大喜，忙传令立刻把茶汤送到各个军帐，分到每个将士手里。

果真，过了两天，风寒被控制住了，生病的士兵也渐渐好转。而此时，元兵得知朱元璋部队的藏身之处，前来讨伐。消息传来，朱升胸有成竹地对朱元璋说："凭谷雨岭这样的地势，抵挡几千元军不在话下。"说着，又指出岭上只有一条通道，等元兵过了山岙，就用树段、石头切断他们的退路。

第二天，浩浩荡荡的元兵大军进了谷雨岭，快接近练兵场时，突然战鼓雷鸣，埋伏四面的义军勇猛出击，杀得元兵死伤无数，纷纷丢盔卸甲。这一仗朱元璋大获全胜。战斗结束后，鸠坑源的茶农们挑着茶水、带着苞芦粿来慰问。朱元璋一边喝着茶，一边乐呵呵地说："多亏有这鸠坑茶，不仅救了士兵们的命，还帮我们打了胜仗。"

明太祖朱元璋

　　朱元璋做了明朝开国皇帝后，还派专人来此地厚葬了战马，又封谷雨岭为"万岁岭"。至今，打天岩的练兵场上还有 108 个土堆。据说，其中某一个土堆下还有军师朱升埋下的一面金锣呢！

天目青顶

据说，早在唐代中期，临安龙须庵住着一位宇空禅师，他精通医术，乐善好施，方圆数百里的病患翻山越岭，慕名前往求医。经他诊断，十有八九药到病除。更可贵的是他不计报酬，随缘乐助，对穷苦病人还供给膳宿，赠给路费，故百姓称其为"活菩萨"。

有一年春末夏初，宇空禅师带领几个徒弟走出龙须坑口，越过西坑，上山采药。珍稀药材一般长在背阳的深山冷坞、悬崖峭壁之上，得到它要耗费大量体力，冒很大风险。但是，为了治病救人，师徒将个人安危置之度外。他们顺着崎岖山路边采边爬，终于登上海拔一千一百多米高的草山顶峰。当他们回到半山时，夕阳西下，便借宿在一户山农家。第二天清晨，师徒沿着草山北侧继续采药，无意中在一块巨石下看到几簇山茶，晶莹的露珠凝聚在初绽的嫩叶上，十分逗人喜爱。老和尚知识渊博，一见就认定这是珍贵的高山名茶。师徒便一齐动手，细心采摘。下午，他们带着药材茶叶满载而归。

在制茶过程中，宇空一旁指导，焙烘出的茶叶色香味俱全。徒弟取来西坑源头水，煮开冲泡，顿时茗香四溢，再经品尝，滋味甘醇，确实是解渴提神、消暑除郁的上品。以后，师徒继续采药，附带寻找高山云雾茶。一天，他们登上东天目的锯子山，来到金炉坪，发现了后来定名的天目云雾茶。此茶色泽呈紫铜色，茶质醇厚，用一枚带梗的叶瓣悬在杯沿上，杯中的水通过叶脉还会流出杯外。

高山名茶的发掘，佳音不胫而走。山农们在东西两天目山和草山周围大量发展茶叶生产，一个穷困山区变成了富庶之乡。天目云雾茶历来被誉为上乘名茶，列为"贡品"，闻名遐迩。传说乾隆皇帝一次巡幸浙江，为了尝到真正用西坑源头水泡制的东坑云雾茶，特地带侍从和爱妃驾临天目山区。

抗日战争前，天目山区制茶用陡锅杀青，双手交替旋转揉茶，中途撒茶团透气，反复二至三次，再揉，然后撒入竹制拱形茶樯烘干。火势先旺后缓，烘时要勤翻。茶的品种有"雨前""毛尖"。到了茶叶旺季，大多是制"细幼青""中幼青""粗幼青"三种。平原上采制的"明前"茶，其汁水抵不上天目一带的等外品"粗幼青"。

新中国成立后，一代茶学泰斗庄晚芳先生正式将这种茶命名为"天目青顶"。

"茶圣"采茶天目山

唐肃宗上元年间（760—762年），陆羽迁居浙江，隐居在湖州苕溪，自号"桑苎翁"，闭门著书，编撰世界上第一部茶叶专著《茶经》。

为了编著《茶经》，陆羽时常在采茶季节深入茶区调查考证，也直接参与一些采茶制茶实践活动。陆羽曾亲赴天目山实地踏勘，这就是后世临安民间传说的"茶菩萨天目山采茶"之事。

据现有史料分析，陆羽大约在公元760年前后，沿苕溪西行进入天目山。他在好友皇甫曾陪同下，在临安县境内山野采摘山茶。陆羽是个"茶痴"，每发现一棵树势不同的茶树，都特别感兴趣，总要仔细端详一番，又采摘几片茶叶珍藏。皇甫曾为他当向导，陪伴陆羽跋山涉水。后来陆羽一人进天目山，风餐露宿，踏遍岗岗峦峦、坡坡湾湾，查看天目山茶树，为他撰写《茶经》积累丰富的第一手资料。

天目山采茶回来，皇甫曾写《送鸿渐天目采茶回》诗相赠："千峰待逋客，香茗复丛生。采摘知深处，烟霞羡独行。幽期山寺远，野饭石泉清。寂寂燃灯火，相思一磬声。"

陆羽因为亲自在天目山采过茶，知道天目山茶品质，就将天目山茶情况写进他的《茶经》卷八"茶之出"。清嘉庆十七年（1812年）

《於潜县志》卷十"食货志"有载："陆羽云：临安、於潜二县，生天目者与舒州同，此其最佳者。邑中各山皆产茶，出米坞者亦清美。"此处的"舒州"即安徽省属的一个古州名，盛产名茶。"米坞"即藻溪闽坞村，为进西天目山的通道之一。由此可见，当年陆羽很可能是经闽坞岭到天目山的。

马跑泉涌西坑水

临安境内有东坑、西坑两条溪。东坑一带以产好茶著称，西坑以好水驰名，故有"东坑茶叶西坑水"之说。

传说从前，东天目山下有个地方，长年缺少饮水，人们只得终年翻山越岭，到马尖岗上担水吃。

有一年，来了一位眉目清癯的老人，手里拄着拐杖，走路却是很稳健。他见路旁有一间茅屋，便走了进去。一位老妇见有陌生人进来，忙招呼请坐，转身进灶间舀茶。转念一想老翁上了年纪，走得额上冒汗，如喝凉茶，身体会受不了，还是泡碗热茶。于是，她拿起一把铜水壶，加水架柴烧水。水开后，她抓了一簇天目云雾茶，泡好，双手端到老翁手上，老翁接过茶，忙说了声"谢谢"。

老翁啜了一口热茶，顿觉这茶清香扑鼻，沁人心脾。几口一喝，喝去半碗。老大妈忙拎来水壶续水。老翁喝了好一会，斟了两三次水，茶味却越来越浓，他啧啧地称赞说："这茶质真好！"

老妇说："好茶，别忘了好水冲泡才是。可惜取这水实在是远了一点。"

"在哪里？"老翁急切地问。

老妇指了门前山岗说："在那马尖岗上。我每天要上这山岗上担水。两个半桶的水，半桶烧茶，半桶煮饭。一年三百六十日，日日如此。"

老翁心想：喝这口水实在不简单，能把这泉水引过来就好啦，便说道："泉水我倒有办法帮你们引过来，但要有一个领路人。"

老妇听说能为大伙把泉水引过来，真是喜出望外，高兴地说："我去！我去！"老翁说："好！好！"于是，他将手中那根青竹拐杖递给老妇，说："那你骑着它引水去吧！"当老妇跨上竹竿时，竹竿立即变成一匹青鬃马，四蹄腾空，奔上山去，瞬间就到了马尖岗上。马在小池之上踩了几脚，回头就走。奇怪的是，就在这马跑过的地方，所有的马蹄窝里涌出一股股泉水，水势越来越大，便汇成一条溪。

老妇骑着高大的青鬃马，一直朝南去。她走到哪里，这股泉水也就跟到那里。泉水越流越快，越流越大，水声哗哗，铺天盖地而来，这就是老妇与乡亲们赖以生存的西坑水，从马尖岗至溪口，因位于东坑之西，故得此名，又称"马跑泉"。这西坑水，即为太湖源头之一。

普陀佛茶

普陀山是著名的佛教圣地，与九华山、峨眉山、五台山同为我国佛教的四大名山。相传唐大中元年（847年），有一个印度和尚到这里，自燔十指，在潮音洞前亲见观世音菩萨现身说法，于是就地结茅，"普陀为观音显灵之地"便传开了。五代后梁贞明二年（916年），临济宗日本名僧慧锷从五台山请观音菩萨像回日本，途经普陀，为大风所阻。传说他祈请观音，观音表示不愿去日本，愿留中国，于是慧锷在普陀潮音洞前的紫竹林内建"不肯去观音院"，普陀的观音道场就此开基。以后，随着观音在民间的影响日益深广，号为"海天佛国"的普陀也香火极盛，连日本、朝鲜以及东南亚的佛教徒也不远千里络绎而来。

普陀佛国，遐迩闻名。普陀佛茶也为人所重，据说饮了"佛茶"可以长年不病，因而善男信女，凡来山朝拜者，都希望能获得一盒，以致供不应求。其实，所谓佛茶，只是普陀山的一种青茶而已，它的形状似圆非圆，似眉非眉，近似蝌蚪，色泽翠绿，自有其特色，又被人称为"凤尾茶"。

当然，普陀山寺众多，各寺所产的茶质地不一样，也出产珍品，如明代李日华在《紫桃轩杂缀》记录过这样一件事："普陀寺僧贻余小白岩茶一裹，叶有白茸，瀹之无色。徐饮，觉凉透心腑。僧云，本岩岁止五六斤，专供大士，僧得啜者寡矣。"

说起普陀佛茶的缘起，有这样一个传说。相传很久以前，有个年轻樵夫在普陀山几宝岭南侧搭一草棚，借以栖身，过往香客常在他的草棚前歇脚，不时向他讨口水喝。樵夫因自己常上山砍柴，怕误了香客喝水，便在草棚旁挖了一口小水潭，制了一个木勺放在潭边，让香客自舀自饮。然而遇到旱天，小水潭干了，裂得像个黄泥盆；而一下大雨，又混浊得像黄泥坑。

有一年大热天，樵夫正在潭边舀水，沉淀清了让路人解渴。这时从岭下走来一个跛脚和尚，拄着拐杖，腰间挂着个葫芦，袈裟褴褛，汗流满面，径自来到水潭边，把拐杖往潭边一插，对樵夫喊道："施主，天热，讨碗水喝！"

樵夫急忙从桶里舀起一勺清水递给他，可跛脚和尚只当没看见，伸出一只又黑又脏的手，指着放在桶边的一只樵夫用来吃饭的白亮瓷碗，瓮声瓮气地说："把那只白瓷碗借给我！"

樵夫不好意思推托，就将白瓷碗递给他。跛脚和尚接过碗，伸手往水桶里舀了一碗又一碗，没多久竟将一桶水全部喝完，接着摸摸嘴巴转身要走。樵夫心里奇怪，但仍客气地说："师傅，下次有机会路过，再来喝吧！"

跛脚和尚一听，向樵夫双手合十，言道："小施主，你不嫌我喝了你的水，又弄脏了你的饭碗吗？"

樵夫忙说："哪里哪里，解人之渴，怎能吝啬一点水呢！"

这时跛脚和尚从腰间解下了葫芦说："施主，多谢了。我这葫芦

228

里还有半葫芦水，就送给你吧!"说着，将水倒在那口小水潭里，然后点点头，没拿插在水潭边的拐杖就走了。

樵夫诧异，呆呆地望着和尚渐渐远去的背影好久，才回头一看，那支拐杖竟变成了一棵树，茂盛翠绿的枝叶将水潭遮了起来，潭中则是一汪碧清的水。采下树上的芽叶一嚼，顿觉止渴生津，令人体力倍增。于是樵夫以后就用潭水浇灌仙树，待仙树开花结子，采下种子后将种子种满山坡。这种奇异的仙树就是茶树，这便是普陀山茶树的来历，而那口水潭也被取名为"仙人井"。后人每逢春时便把采自茶树上的芽叶制成茶叶，其条索纤秀弯曲似螺，色泽嫩绿隐翠，汤色清澈碧绿。后来，普陀虽历经沧桑，"仙人井"旁边的茶树也早已被一横卧老树取代，但那以仙人的一片丹心孕育而成的普陀山佛茶，却仍是独具幽香妙韵，永惠人间。如今，普陀山佛茶和仙人井就像杭州的"龙井茶虎跑水"一样，在当地堪称"双绝"。

小龙女淋茶遇险

在普陀山下潮音洞南边，有一个岩洞被称为"善财龙女洞"，外有矾岩壁立，洞口珠泉喷滴，终年不断。相传观音身边的善财、龙女修炼于此。千百年来，观音点化小龙女的传说在普陀山一带广为流传，其故事情节也与当地所产的茶叶巧妙相联结。

相传龙女原是南海龙王的小女儿，生得眉清目秀，聪明伶俐，深得龙王的宠爱。她原本是兴林国金光明寺妙善大师的侍女永莲，妙善大师得道升天的数十年后，她也圆寂了，为了追随师父，她便投身于南海龙宫。龙女生活在龙宫，虽然发心向佛，但又羡慕人间繁华。

有一天，龙女听说人间街上有元宵灯会，热闹异常，就吵着要去观灯，无奈老龙王就是不许。龙女贪玩心切，傍晚便悄悄溜出水晶宫，化身一渔家少女，踏着月色，来到举行灯会的舟山小渔镇。街上彩灯各式各样，千奇百怪，应有尽有，光华灿烂。龙女被美景所吸引，似痴似呆，忘记防避。不料当她来到一个阁楼下时，茶楼上一位女子正好往下泼半杯冷茶水，不偏不倚泼在龙女身上。龙女被茶水一淋，猛吃一惊，便叫苦不迭。原来龙女化身为人后，碰不得半点水，一碰到水就要现出原形。她顿时惊恐万分，不顾一切地挤出人群，拼命向海边跑去。但是身上一旦沾了水，短时间内就要现原形。不等她跑到海里，就在海滩上变成了一条大鱼，动弹不得。正巧海滩上来了两个年轻渔民，一胖一瘦，看到沙滩上有条大鱼，起了贪心，于是把鱼抬到镇上准备出卖。这天，观音菩萨正在莲台上静坐，龙女的事看得一清二楚，不觉动了慈悲之心，就吩咐身边的善财童子前去营救。瘦子正举斧要斩鱼时，却被一个气喘吁吁赶来的小沙弥阻止了，并声称要买鱼放生。说着摸出一把碎银子递给胖子，并要他们把鱼扛到海边。三人来到海边将鱼放生，大鱼一到海里，就欢腾起来，打了一个水花，游出很远，然后又掉转身来，向小沙弥点了点头，就潜入水底了。

同时，南海龙宫因不见了小公主，乱成一团，直到天亮龙女回到水晶宫，龙王才松了口气。他怒气冲冲地呵斥龙女，龙女便照实将自己的遭遇讲了一遍。龙王听了，脸上黯然失色。他怕观音将此事宣扬出去，让玉皇大帝知道了，自己就落个"教女不严"的罪名，一怒之下，竟将龙女逐出水晶宫。龙女伤心至极，哭哭啼啼来到普陀山旁的莲花洋，哭声传到紫竹林，观音菩萨早已料到结果。她不仅喜欢龙女，而且龙女的前身本来就是她的侍女永莲，于是立即吩咐善财去接龙女。龙女在善财的带领下来到观音菩萨身边。经过这一次轮回，龙女根本不可能认识她眼前的观音菩萨就是兴林国的妙善大师。但她不由自主地跪下双膝，口中诉说道："弟子永不归宫了，情愿在此服侍菩萨，皈依佛法。"观音菩萨让她和善财像兄妹一样住在潮音洞附近的一个岩洞里，这个岩洞后来被称为"善财龙女洞"。从此，龙女用心诵经说法，与菩萨一起救苦救难，成为观音的右胁从。

一碗茶水的因缘点化了龙女成道。小龙女的故事脍炙人口，读起来能令人想起安徒生的童话《海的女儿》。只是小美人鱼的故事无限哀伤，中国的传说满满的有一股团圆的人间烟火气。

金奖惠明

　　在中国浙江景宁，有一个古老而神奇的茶叶民族——畲族，他们自称"山哈"，意思是山里的居民。他们有着自己民族的语言和文化，在这里种水稻、织彩带、唱民歌，尤其以他们悠久的茶叶文明而自豪。景宁畲族有着一千两百多年的种茶历史，他们曾与高僧结缘，为中国茶叶增添了无限精彩的一叶瑞草，一百年前又因中华民族呈现给世界的一份自豪，而有了新的名字——金奖惠明。

　　相传唐朝大中年间，畲乡祖先雷太祖从广东逃难而出，途中认识了一个云游的和尚，交了朋友，一路同行到浙江。原来这和尚，就是敕木山惠明寺的开山祖师惠明禅师。这里古木森森，荒无人烟，倒是安身之处。雷家父子，便在惠明寺周围辟地种茶了。

　　渐渐地，惠明茶便在敕木山区流传开了。山高一千五百米，茶园却在半腰间，与白云亦可比邻了。春秋朝夕，立高山远眺，山下茫茫烟霞，众山唯露峰尖，犹如春笋破土。至于冬季，雪积山高，经月不散，实乃借玉为容。

　　惠明寺边现在尚有一株古白茶，茶芽乳白中泛着淡黄，被畲民视为仙茶。茶因僧名、寺名、村名，遂称"惠明茶"。

　　惠明和尚与畲族雷太祖共同开启了茶的历程，惠明茶中融着佛家对畲族人的一片慈爱之心，融着畲族山哈的民风民情，凭借这些妙处，成为出类拔萃之物，明朝成化十八年（1482 年）列为贡品，年贡芽茶二斤。然而，惠明茶终究不止于在家国的层面上，它还要漂洋过海，登上国际的舞台。

1912 年，第一次世界大战开始不久，美国宣布要在 1915 年 2 月，在旧金山举办"巴拿马太平洋万国博览会"。咱们中国要趁这个机会在世界面前亮亮相！1913 年 6 月 28 日，筹备巴拿马赛会事务局正式成立，陈琪就任赴美赛会的监督。景宁县知事秘书叶葆琪告诉陈琪，惠明寺村有一位畲族妇女雷成女，精于制茶。他们就请雷成女精制了二斤最好最嫩的惠明茶去参赛。制成的惠明茶色泽翠润，银毫显露，兰香馥郁，滋味鲜醇，汤色清亮，旗枪朵朵，一杯淡，二杯鲜，三杯甘，四杯韵犹存。

到 1915 年底，历时近 10 个月的巴拿马万国博览会降下帷幕。这次博览会有 31 个参展国，20 多万件展品，1 900 多万人参观，其规模为以前各国博览会所未有。中国展品获得各种大奖 74 项，获奖章 1 218 枚，在 31 个参展国中独占鳌头。其中，惠明茶被认定为茶中珍品，荣获金质奖章和一等证书。一穆清景，满天慈宁，惠明茶的这份殊荣用两句唐诗形容，真可以说是"养在深闺人未识，一朝选在君王侧"了！

瀑布仙茗

《茶经·七之事》中记载了一个来自《神异记》中的神奇故事。浙江余姚有个人叫虞洪。有一天他进入山中寻找野茶，遇见了一位道士，牵着三头青牛。道士把虞洪引到一座瀑布山前，对他说："我叫丹丘子。听说你很会煮茶，常想请你送给我品尝。这山里有大茗，可以给你采摘，以后你有多余的茶，请给我一些。"虞洪回去以后就用茶来祭祀这位仙人丹丘子，后来经常叫家人进山，果然采到了大茗。

故事中的瀑布山属于四明山，就是今天的白水冲，在余姚梁弄南四公里的白水山上。此山为道家的主要活动场所，两峰之间有一帘瀑布飞泻而下，瀑布的源头在道士山，山因道人修炼成仙的传说而得名。而仙人所指引的"大茗"究竟是乔木、半乔木，还是大灌木丛？不得而知，只知道今天道士山的涧边岩滩丛中，生长着一丛丛的茶树，这正是丹丘子指点虞洪找到大茗的原生地。说明此地自古产名茶。如今余姚所产的名茶就叫做"瀑布仙茗"。

磐安云峰

在浙江最中部的磐安，出产一种名茶叫做"磐安云峰"。这种茶的来历与中国道教"四大天师"之一的许逊有关。许逊在磐安民间被奉为"真君大帝"，传说与磐安茶叶的采制、营销与茶文化紧密地联系在一起。

说到许逊，也许没有几个人知道，但有一句中国的成语，天下人尽知，叫做：一人得道，鸡犬升天。这句成语另有一个出处，正是来自许逊。相传许逊活到 136 岁时，八月朔日，有仙人自天而降，并宣称："奉玉皇之召，授子九州都仙太史高明大使。"意思就是说玉皇已下玉旨，要许逊去天上任职了。果然在八月望日，许逊"举家四十二口拔宅升天，鸡犬随之"。在西山得道。

晋代有一年，玉山人种了许多茶，因地处偏僻，信息阻滞，又缺乏加工炒制技术，采下的茶叶卖不出去，万般无奈之下，许多人把茶叶烧了，忍痛把茶树砍了……正当此时，一位道长云游而至，惊问其故。百姓见道长仙风道骨，神清气爽，知非等闲之辈，即把原委告诉道长。道长仔细验看了百姓们的茶叶，又攀上茶峰山去看百姓们的茶树，并仔细品尝了此地的茶叶。而后，他召集百姓向他们宣讲茶叶的功能，茶叶的制炒工艺。他说，玉山是个好地方，层峦叠翠，烟霞明

"真君大帝"许逊

灭，瑞气氤氲，碧水长流，是神仙见了也留恋的去处，也是茶树生长最适宜的环境，你们的茶叶内质很好，但你们粗制滥造，不懂制茶技艺，不但外观太差，也影响了茶的内质，好比本是一个秀外慧中的窈窕美女，却被你们糟蹋成一个乱头粗服的丑妇了。百姓们听了心中一亮，茅塞顿开，真诚央求道长为他们传授茶叶的采制技艺，沟通销售渠道。

　　道长为百姓们的真诚感动，看着他们褴褛的衣衫、艰难的生活，决心帮助他们一把。他住下来了，亲自作示范，教百姓们采茶，手把手地传授炒制技术。他对百姓们说，茶可避邪，可治病救人，可通鬼神，人要喝茶，神鬼也要喝茶，所以茶可用于祭祀，沟通人和鬼神的信息，因此，茶不但是洁净之物，而且形状和芳香都应给人以美的想象。一芽称"连蕊",二芽为"旗枪",三芽为"雀舌",茶芽要鲜嫩而质重,要牢牢记住"早采三日是宝,晚采三日是草"。道长还说,茶的饮用、加工,都要"师法自然",讲究"五行协调","天人合一",烹茶的水也要用泉水、江水、井水或"无根水",就是自天而降的雨露,要求自然和精神的和谐,人们在饮茶中与自然山川融为一体,茶壶中可装天下宇宙,可壶中看乾坤……

玉山百姓得道士传授茶叶精制之法,把茶叶做好了,还挽留他在玉山住下,但留他不住。道长志在天下山水之间,离去时还带走一批茶叶,作为样品。据说至某地刚好碰上疫病流行,他就把玉山的茶叶煮作大桶的茶汤赐人,竟把当地的疫病遏止,并终于治好了病人。以后,到玉山买茶的客商纷至沓来,玉山的茶叶声名远播,再不愁卖不出去了,茶叶在经济上的比重也更大了。因为感激,玉山百姓将道士奉为"真君大帝",世代祀之。

这位道长是何许人,对茶的学问如此渊博,竟能对茶的内蕴有如此深刻的见解?原来,他就是大名鼎鼎的许逊。

莫干山狮峰茶

莫干山区有一座狮峰山，狮峰山腰有座狮峰庙，庙里有一百八十八个和尚。其中有位俗姓李的知客僧，法名悟净，一年到头茶不离口。平时庙里众僧一日三餐热菜热饭，而悟净和尚每天饭菜吃得很少，一天到晚捧着一只大茶缸喝个不停。更令人奇怪的是这位和尚从不生病，时间过了一年又一年，也不见他显老。到了七十九岁那一年，还与刚进山门二十大几的小和尚一般。所以，狮峰庙里有个长生不老的怪和尚的消息像长了翅膀，从庙里传到县府、省衙直至京城，并且传到了皇帝的耳朵里。皇帝正为自己一年不如一年而发愁。他听到有长生不老的消息后，立即下了一道圣旨，要狮峰庙的李和尚进京面圣。

李和尚领旨后，立即启程，马不停蹄地日赶夜赶。几天后到了京城，朝见了皇上。

皇帝坐在龙座上朝下看，见这位和尚确实很年轻，便问他："今年几岁了？"和尚答："贫僧今年七十有九。"皇帝听后心里想：这么大的年岁，能这么年轻，一定有长生不老的秘方。

"你有什么良方能使自己不老？"

"没有。"

"那么你日常生活有何与众不同之处？"

"我每天都和大家一样，早睡早起，诵经念佛，或者挑水劈柴干杂活，没有不同。"

"你每天吃什么？可有与别人不同的地方？"

"贫僧喜欢喝茶，少吃饭菜。这可能就是与其他人不同的地方。"

皇帝心里想：这也许就是长生不老、永远年轻的秘方。于是他又问："你饮什么茶？"当时李和尚心里想：我喝的就是狮峰山上的土茶，有什么名呀！为了应付皇帝的问话，和尚随口说："贫僧专喝狮峰山上产的狮峰茶。"

皇帝听到这里，认定这狮峰山产的狮峰茶是宝物，自己若长年喝它，不也能永葆青春，延年益寿吗？

于是，他给武康县下了一道圣旨，要他们把狮峰茶上贡给皇帝。这样，莫干山狮峰山产的狮峰茶便成了"贡品"。

洞庭碧螺春

碧螺春是江苏的历史名茶，其外形如铜丝条，螺旋形，浑身白毫，有花香果味，饮之鲜爽生津。碧螺春茶已有一千多年历史，民间最早叫"洞庭茶"，又叫"吓煞人香"，在清代康熙年间就已成为年年进贡的贡茶。相传有一尼姑上山游春，顺手摘了几片茶叶，泡茶后奇香扑鼻，脱口而道："香得吓煞人。"由此当地人便将此茶取名叫"吓煞人香"。到了清代康熙年间，康熙皇帝视察并品尝了这种汤色碧绿、卷曲如螺的名茶，倍加赞赏，但觉得"吓煞人香"其名不雅，于是题名"碧螺春"。

关于此茶名称的来历除了康熙皇帝巡幸太湖时亲赐之外，也有碧螺春在明代时就已有茶名的传说。

相传西洞庭山上住着一位美丽、勤劳、善良的姑娘，名叫碧螺；东洞庭山上住着一位小伙子，名叫阿祥，打鱼为生；两人相爱着。但不久灾难来临，太湖中出现了一条恶龙，作恶多端，扬言要碧螺姑娘做它的妻子，如不答应，便兴风作浪，让人民不得安宁。阿祥得知此事后，便决心为民除害，他手持鱼叉潜入湖底，与恶龙搏斗，最后终将恶龙杀死，但阿祥也因流血过多而昏迷过去。

碧螺姑娘将阿祥带回家中，亲自照料，但不见转好，为了抢救阿祥，便上山寻找草药。在山顶发现一株小茶树，虽是早春，已发新芽，她用嘴逐一含着每片新芽，以体温促其生长，芽叶很快长大了，她采下几片嫩叶泡水后给阿祥喝下，阿祥果然顿觉精神一振，病情逐渐好转。于是碧螺姑娘把小茶树上的芽叶全部采下，用薄纸包好紧贴胸前，使茶叶慢慢暖干，然后搓揉，泡茶给阿祥喝。阿祥喝了这种茶水后，身体很快康复，两人陶醉在爱情的幸福之中。

然而碧螺姑娘却一天天憔悴下去，原因是姑娘的元气全凝聚在茶叶上了，最后姑娘带着甜蜜幸福的微笑，倒在阿祥怀里，再也没有醒过来。阿祥悲痛欲绝，他把姑娘埋在洞庭山上，从此，山上的茶树越长越旺，品质格外优良。为了纪念这位美丽善良的姑娘，乡亲们便把这种名贵的茶叶取名为"碧螺春"。

黄山毛峰

　　黄山毛峰是传统的中国名茶，产于安徽省黄山，由清代光绪年间谢裕泰茶庄所创制。每年清明谷雨，选摘初展肥壮嫩芽，手工炒制。该茶外形微卷，状似雀舌，绿中泛黄，银毫显露，且带有金黄色鱼叶（俗称黄金片）。入杯冲泡雾气结顶，汤色清碧微黄，叶底黄绿有活力，滋味醇甘，香气如兰，韵味深长。由于新制茶叶白毫披身，芽尖锋芒，且鲜叶采自黄山高峰，遂将该茶取名为黄山毛峰。

　　讲起这种珍贵的茶叶，还有一段有趣的故事。明朝天启年间，江南黟县新任县官熊开元带书僮来黄山春游，迷了路，遇到一位斜挎竹篓的老和尚，便借宿于寺院中。长老泡茶敬客时，知县细看这茶叶色微黄，形似雀舌，身披白毫，沸水冲泡下去，只见热气绕碗边转了一圈，转到碗中心后就直线升腾，约有一尺高，然后在空中转一圆圈，化成一朵白莲花。那白莲花又慢慢上升化成一团云雾，最后散成一缕缕热气飘荡开来，幽香满室。知县问后方知此茶名叫黄山毛峰，临别时长老赠送此茶一包和黄山泉水一葫芦，并叮嘱一定要用此泉水冲泡才能出现白莲奇景。

　　熊知县回县衙后正遇同窗旧友太平知县来访，便将冲泡黄山毛峰表演了一番。太平知县甚是惊喜，后来即到京城禀奏皇上，想献仙茶邀功请赏。皇帝传令进宫表演,然而不见白莲奇景出现,皇上大怒,太平知县只得据实说道乃黟县知县熊开元所献。皇帝立即传令熊开元进宫受审,熊知县进宫后方知未用黄山泉水冲泡之故,讲明缘由后请求回黄山取水。熊知县来到黄山拜见长老,长老将山泉交付予他。在皇帝面前再次冲泡玉杯中的黄山毛峰,果然出现了白莲奇观,皇帝看得眉开眼笑,便对熊知县说道:"朕念你献茶有功,升你为江南巡抚,三日后就上任去吧。"熊知县心中感慨万端,暗忖道:"黄山名茶尚且品质清高,何况为人呢?"于是脱下官服玉带,来到黄山云谷寺出家做了和尚,法名正志。

如今在苍松入云、修竹夹道的云谷寺下的路旁,有一檗庵大师的墓塔遗址,相传就是正志和尚的坟墓。

太平猴魁

安徽省太平县猴坑地方盛产一种猴魁茶。

说起猴魁茶，传说古时候，在黄山居住着一对白毛猴，生下一只小毛猴。有一天，小毛猴独自外出玩耍，来到太平县，遇上大雾，迷失了方向，没有再回到黄山。老毛猴立即出门寻找，几天后，由于寻子心切，劳累过度，老猴病死在太平县的一个山坑里。山坑里住着一个老汉，以采野茶与药材为生，他心地善良，当发现这只病死的老猴时，就将他埋在山岗上，并移来几棵野茶和山花栽在老猴墓旁，正要离开时，忽听有说话声："老伯，你为我做了好事，我一定感谢您。"但不见人影，这事老汉也没放在心上。

第二年春天，老汉又来到山岗采野茶，发现整个山岗都长满了绿油油的茶树。老汉正在纳闷时，忽听有人对他说："这些茶树是我送给您的，您好好栽培，今后就不愁吃穿了。"这时老汉才醒悟过来，这些茶树是神猴所赐。从此，老汉有了一块很好的茶山，再也不需翻山越岭去采野茶了。为了纪念神猴，老汉就把这片山岗叫做猴岗，把自己住的山坑叫作猴坑，把从猴岗采制的茶叶叫做猴茶。由于猴茶品质超群，堪称魁首，后来就将此茶取名为太平猴魁了。

六 安 瓜 片

　　六安瓜片产于安徽金寨县（原属六安县）的鲜花岭。据说古代有一只蝙蝠精占据附近山洞，吐出的毒气将附近的草木和庄稼都熏死了。一天来了一个白发老婆婆，拿出茶籽教人种植，茶树很快就长得茂盛。蝙蝠精问是何物，老婆婆答道："这叫瓜片，叶子像一片片吃剩的西瓜片。"蝙蝠精吹出黑气想把它们吹死。老婆婆立刻从口袋里掏出花蕊，用嘴一吹飘向黑气。那妖气顿时变成白雾在山头缭绕，化成露珠浇灌草木花卉。连斗了三个回合，花蕊用完了，老婆婆竟然摇身一变，变成美丽少女，冲向黑气中大口吞吸，又化成白雾吐出来，顿时满山鲜花盛开，香气四溢，蝙蝠精大叫一声："气煞我也！"喷出最后一口黑气，便跌进洞里，现出原形。仙女也中毒倒地。原来她是百花仙女，奉王母之命去南海给观音送茶籽，路过此地，看到蝙蝠精为害，就留下来帮助大家。仙女走后，大家精心管理她留下的茶树，制成名茶，远传各地。

　　"六安瓜片"不仅成了安徽名茶之一，也是全国的传统名茶。据说此茶特别能够减肥、去腻，与肥肉一同封在罐子中，几日后打开，肥肉化水。这是真的吗？大家不妨一试。

松萝茶

安徽省休宁县有座松萝山，山上产茶颇为有名，叫松萝茶。松萝茶不仅香高味浓，而且真能够治病，至今京津济南一带的老中医开方用松萝茶的仍然很多。松萝茶主治高血压、顽疮，还可化食通便。

松萝山下古桥

谈起松萝茶的来历，传说是明太祖洪武年间，松萝山的让福寺门口摆有两口大水缸，引起了一位香客的注意。水缸因年代久远，里面长满绿萍，香客来到庙堂对老方丈说，那两口水缸是个宝，要出三百两黄金购买，商定三日后来取。香客一走，老和尚怕水缸被偷，立即派人把水缸的绿萍水倒出，洗净搬到庙内。三日后香客来了见水缸被洗净，便说宝气已净，没有用了。老和尚极为懊悔，但为时已晚。香客走出庙门又转了回来，说宝气还在庙前，那倒绿水的地方便是，若种上茶树，定能长出神奇的茶叶来，这种茶三盏能解千杯醉。老和尚照此指点种上茶树。不久，果然发出的茶芽清香扑鼻，便起名"松萝茶"。

二百年后，到了明神宗时，休宁一带流行伤寒痢疾，人们纷纷来让福寺烧香拜佛，祈求菩萨保佑。方丈便给来者每人一包松萝茶，并面授"普济方"：病轻者沸水冲泡频饮，两三日即愈；病重者，用此茶与生姜、食盐、粳米炒至焦黄煮服，或研碎吞服，两三日也愈。果然，服后疗效显著，制止了瘟疫流行。从此松萝茶成了灵丹妙药，名声大噪，蜚声天下。

敬亭绿雪

安徽敬亭绿雪茶名的由来，有三种说法。

第一种传说是敬亭山下有一位美丽的姑娘叫绿雪，她心灵手巧，采茶不用手摘，而是用嘴衔。有一次她上山采茶，失足身亡，为了纪念她，敬亭山茶得名"绿雪"。

第二种说法是此茶开汤后，茶杯上云蒸雾蔚，冉冉上升，浮起朵朵祥云，杯中雪花飞落，犹如天女散花，这天女就是绿雪姑娘。

第三种说法是此茶冲泡后，杯中茶叶朵朵，垂直下沉，伴随着白毫翻滚，好似"绿树丛中大雪飞"，因而得名。

至今，敬亭山仍有绿雪井、绿雪姑娘断命崖、财神庙、绿雪亭、太白楼、古昭亭、北宋双塔等丰富的人文及自然景观。敬亭绿雪遂成名茶。

庐山云雾茶

　　江西省庐山出产云雾茶，香气清高，滋味鲜爽，真是高山出名茶，名不虚传。

　　庐山上有座五老峰，所产的云雾茶更加出众。相传很早以前庐山有个茶寨，住着赵、王、刘、李、吕五户茶农，各有一个儿子，都娶了媳妇。但媳妇们不孝敬老人，先是赵老头受气不过，带着一包茶籽进了深山。过了两年，其他四位老头也相继上山找到赵老头，一起在深山培植青葱翠绿的茶林。他们的媳妇怂恿她们丈夫上山去占据老头们的茶林。谁知五个儿子上山后就再也没回来。五个好吃懒做的媳妇都饿死在家里。五位老头活了很久才过世。人们把他们种植茶树的山峰叫"五老峰"，他们居住的山洞叫"五老洞"。

君山银针

　　湖南省洞庭湖的君山，一千多年前就产银针名茶，茶芽细嫩，满披茸毛，很早就成为全国十大名茶之一。

　　据说君山茶的第一颗种子还是四千多年前娥皇、女英播下的。从五代的时候起，银针就被作为"贡茶"，年年向皇帝进贡。后唐的第二个皇帝明宗李嗣源，第一回上朝的时候，侍臣为他捧杯沏茶，开水向杯里一倒，马上看到一团白雾腾空而起，慢慢地出现了一只白鹤。这只白鹤对明宗点了三下头，便朝蓝天翩翩飞去了。再往杯子里看，杯中的茶叶都齐崭崭地悬空竖了起来，就像一群破土而出的春笋。过了一会，又慢慢下沉，就像是雪花坠落一般。明宗感到很奇怪，就问侍臣是什么原因。侍臣回答说："这是君山的白鹤泉（即柳毅井）水泡黄翎毛（即银针茶）的缘故。白鹤点头飞入青天，是表示万岁洪福齐天；翎毛竖起，是表示对万岁的敬仰；黄翎缓坠，是表示对万岁的诚服。"明宗听了，心里十分高兴，立即下旨把君山银针定为贡茶。上述侍臣的一番话自是讨好皇上，事实上，细嫩的君山银针茶，冲泡时，确有棵棵茶芽竖立悬于杯中，上下沉浮，倒是极为美观的。

　　无独有偶，关于君山银针的来历还有另外一个美丽传说。

　　相传早年间，君山脚下有个打鱼的后生，名叫张顺，和他母亲相依为命。

一天，张顺在洞庭湖里打到了一条金丝鲤鱼。许多人想买这条鱼，出的价钱越来越高，张顺舍不得卖，把鱼带回家。母亲告诉张顺，听爷爷辈的老人讲，金丝鲤鱼是洞庭王的三太子变的，叫张顺快些放鱼回去。

鱼一被放入湖中，就对着张顺从口中吐出一颗溜圆溜圆、晶亮晶亮的珍珠，那一闪一闪的亮光，把人的眼睛都看花了。

张顺把那颗珍珠捧在手里，那条金鱼才慢慢地向湖中游去。张顺把这颗通明透亮的珍珠带回家里，霎时，把那又矮又黑的茅屋照耀得像白天一样亮堂了。

正在这时，天上忽然飞来一只拖着一条花花绿绿长尾巴的大鸟，把那颗珍珠啄跑了。

张顺拔腿就追，追过湖滩，追过芦荡，又在君山上追过了七十一个山峰，最后，那只大鸟飞到青罗峰的悬崖顶上去了。张顺爬到一株大树上，清楚地看见它把那颗珍珠吐在石头上，用脚爪拨弄着。张顺气坏了，顺手折断一根树桠，要向那只大鸟掷去，可是又怕大鸟衔着珍珠再往别处飞。真是打不得，又追不到，只好爬下树去，从后面悄悄地爬上悬崖去。那只大鸟的尾巴正好拖在他的头顶上，张顺把手一伸，抓住了大鸟的长尾巴。大鸟猛地张开翅膀，扑打扑打，扇着翅膀飞走了，只留给张顺三片长长的花翎。张顺爬上岩顶一看，那颗珍珠没被衔走，正在岩石上滚着。他不顾一切向前扑去，只怪他用力太猛，那颗珍珠一下滚到岩石缝里去了。张顺长长地叹了口气，呆呆地望着深不可测的石缝，伤心地哭起来了。

冬去春来，又是桃红李白的时候，在那掉进珍珠的岩石缝里，长出一株鲜嫩的茶苗，青枝绿叶，十分可爱。张顺见了这棵茶苗，心想这定是那颗宝珠变的，心下就更加爱惜这棵茶苗了。转眼，夏天来了，太阳炙烤，张顺担心茶苗旱死，给它搭了个凉棚，每天清早，又从柳毅井里把水提到悬崖顶上，去浇灌茶苗，奇怪的是，不等他浇灌，茶苗蔸上总是水淋淋的。他觉得好生奇怪，决定弄个明白。第二天天还没亮，他就躲在悬崖下的树林里观察，原来是啄走珍珠的那只长尾巴大鸟扑楞楞飞来了，嘴巴对着茶苗喷出一股清亮清亮的水来，又飞走了。张顺看到此情此景，心想，原来自己错怪那只大鸟了，这可是只有情有义的好鸟呀！

张顺跑回家将那只长尾巴大鸟的样子仔细描述给他母亲，张顺母亲听后说，儿啊，那可是凤凰啊，你外公说过，它可是洞庭龙王三太子的结拜妹妹呢！

张顺知道那只大鸟的来历后很高兴，也更加精细地培养起那株茶苗来。

张顺和他母亲高高兴兴地摘下第一批茶叶，经过他们精心制作后，用滚开水浓浓地泡了两杯，果然是上等好茶。片片茶叶，叶柄朝下，叶尖向上，垂直立起，浮在水面，片刻，又垂直下落到杯底。反复沉浮三次，然后悬立于杯中。每片茶叶周围渐渐泛出一朵朵金红色闪亮的小花，看去就像是金丝鲤鱼的鳞片，又像是凤凰羽毛上的花斑。最后，它们慢慢地汇成一团，好像有一龙一凤在杯中欢舞。张顺母子看得目不转睛，母亲高兴地说："儿啊，这真是龙鳞、凤羽一样的茶呀！"

碰巧，这时君山周围有许多人得了重病，面黄肌瘦，浑身无力，不思饮食，更无法下地耕种。张顺抓了一把茶叶，觉得这些茶叶对病人一定有好处，就将茶叶分送给各个病人家里。果然，这些病人都觉得浑身舒坦精神倍增，好像吃了对症的良药一样，他们纷纷跑到张顺家里来酬谢。

　　张顺苦心培育出来的细茶，从此世世代代在君山生长，人们给它取过许多漂亮的名字，"龙鳞""凤羽""雀舌""千里香"，最后取名"君山银针"。

蒙顶茶

"扬子江心水，蒙山顶上茶"，蒙顶茶自唐朝起就被列为"贡茶"，品质优异，人人皆知。关于蒙顶茶，其来历与仙人吴理真是分不开的。

仙人得道成仙各有各的法门，种茶、饮茶是其中一项。喝茶成仙的故事中国人讲了几千年，茶喝多了，身体会变轻，轻到一定程度，就羽化登仙矣！但茶不能与韭菜一起吃，身体会变重，变重了当然飞不起来，说得有板有眼。要说喝茶成仙，名气最大的要算传说中的吴理真了。

南宋地理学家王象之在其地理名著《舆地纪胜》中曾说："西汉有僧从岭表来，以茶实蒙山。"这是后世典籍记载的中国最早的植茶年代，而当地一直就有西汉吴理真结庐四川蒙山，亲植茶树的传说，吴理真成为人类植茶史上最早被记载的种茶人。

吴理真之父是一位药农，识辨草药、问诊看病，在当地小有名气。吴理真十岁时，其父在罗绳岗采草药不慎坠崖殒命。从此家境贫寒，母亲积劳成疾。他是个大孝子，每天鸡啼就登上蒙顶山，割草拾柴，换米糊口，为母亲治病。一日，吴理真拾好柴，口干得直冒火，顺手揪了一把树叶，放在口里慢慢咀嚼，口渴渐止，困乏渐消，精神倍增，他感到十分奇异，便摘了些带回家中用开水冲泡，让老母亲喝下。老母亲连服数日，病情好转，续饮月余，身体康复如初了。这树叶原来就是蒙顶山上的野生茶叶。

乡亲们病了，他也用这种叶子泡水给大家饮用，效果也很好。可惜这种树不多，所生长的叶子远远不能满足治病救人的需要，他决心培育出更多的茶树。

为了采摘茶籽，吴理真跑遍了三十八蒙峰。他把茶籽捡回家，用沙土拌和后放入篾筐中，上面盖以谷草，使茶籽不会霉变和冻坏。为了选择播种茶籽的地方，吴理真翻越蒙顶的山山岭岭，对野生茶树的生长环境进行分析研究，认定蒙顶五峰之间（今皇茶园），和菱角湾一带最适宜茶树生长，于是在此移植种下七株茶树。吴理真为了种茶，在荒山野岭搭棚造屋，掘井取水，开垦荒地，播种茶籽，管理茶园，投入了自己的全部心血。勤劳与智慧终于浇灌出了好茶。这七株茶树两千年不枯不长，其茶叶细而长，味甘而清，色黄而碧，酌杯中香云蒙覆其上，凝结不散。吴理真种植的七株茶树，被后人称作"仙茶"。

传奇之人怎么可以没有传奇的爱情？吴理真与羌江河神之女玉叶仙子的爱情故事，在当地民间广为传颂。

话说一日，雅安忽降暴雨，陇西河水陡涨，沿途冲来许多水柴。吴理真披蓑戴笠，在河边打捞水柴，看见河畔杂草丛中有一条遍体金黄的鱼在蹦跳，大雨已止，水位下降，鱼被杂草羁绊，不得脱身入水。吴理真拾鱼在掌，见它神色凄然，眼中如有泪水。吴理真顿生怜意，遂将此鱼放归河中。此鱼初时欢快潜入水底，之后又浮出水面，游弋河岸流连难舍，很长一段时间才没入水中离去。

原来这条鱼是河神之女玉叶仙子所化。蒙顶山的最高处——玉女峰，峰上有蒙茶仙姑、甘露石室。这位仙姑据说就是玉叶仙子，她来到蒙顶山，与吴理真相爱，河神知道后大发雷霆，活活拆散了他们，带走了玉叶仙子。最后，玉叶仙子逃出了河神府，来到蒙顶山化作一座山峰，与吴理真相伴。而吴理真通过种茶、饮茶，也自成仙了，后人称之为"甘露大师"。

蒙顶山自有这吴理真种茶的传说起，至今尚存有蒙泉井、皇茶园、甘露石室等文物古迹。蒙泉井石栏镌刻二龙戏珠，据说这就是甘露大师吴理真种茶时汲水之处。这口井里的水，下大雨不会盈满，干旱再久也不会干涸，井口用石头盖着，取这里的井水烹茶，会有奇异美妙的茶香。

而吴理真亲手种下去的那几株茶树，被封为"皇茶"。皇茶的采摘和制作尤为神圣，历代地方官，视进贡蒙顶茶为神圣职责。每年冬天，就开始筹集经费，打造盛茶银瓶、锡瓶。次年，春茶萌发之际，知县即选定吉日，沐浴朝服，率吏上山，派采茶女十二人入"皇茶园"采摘仙茶，隔纸微烘后，拣清洁者三百六十片为正贡，作为皇室祭祀太庙之物。在园外附近茶地采摘的茶叶，先以猛火烘焙，至半蔫取出，置于黄纸上稍晾，令诸僧围坐一张木案，揉成条形，再放置炉上，用微火慢焙至干，精选其中清润光洁者作副贡，供皇帝饮用。余叶复以焙、炒、揉，做成颗子茶，作为陪贡，数不足，采菱角湾茶充之，正贡和副贡，分别装入六个银瓶，陪贡装入十八个锡瓶，用上等黄绢封裹，糊上白泥，盖上红印，遣专吏昼夜兼程，披星戴月，送往京城。蒙茶甘露自唐入贡，年年岁岁，从未间断，直至清末。

龙珠茶

传说远古时候，长江三峡是一片海，居住着龙王。后来沧海桑田，三峡地区成了陆地，龙王就去了东海居住。但是，对三峡故地很是想念，偶尔会回来看一下。龙王为了锻炼子女，就经常要他们回到长江三峡。

在三峡，有一个叫开州的地方，景物繁华，风光秀美。在开州西北山区，有一股祥瑞之气，是仙家向往的地方。这一年，龙王的第三个女儿紫气龙女来到三峡游玩，突然看见一股紫气冲天飞舞，于是她马上腾云到半空一望，发现紫气从开州西北地面而来，禁不住好奇，马上飞临这个地方。

来到这里，紫气龙女为美景所陶醉。忽见一个后生二十来岁，眉清目秀。龙女从没见过这样帅气俊逸的后生，心生爱慕，便尾随后生来到他家里。才知道后生姓白，家里只有一个年迈的老母亲，母亲多病，一直卧病不起。白郎一直尽心服侍母亲。龙女还发现，在白郎的家门口，有两株茶树，长得葱茏一片。原来，白郎是制茶的高手，经他制的茶，人人说好，虽然只有两株茶树，每年还是给白郎带来不少的收入。

紫气龙女对白郎动了真情，而白郎一见龙女，也是一见钟情。两人很快就相爱成亲，拜了天地。这时，龙女告诉白郎她叫"阿紫"。从此二人男耕女织，过起恩爱夫妻的日子，龙女早忘记了还要回东海蓬莱的事情。阿紫把白郎家门外的两株茶树移栽到山上，只见她展袖舒手，顷刻间，茶树就长满了龙珠山，阿紫兴云雾，洒圣水，于是整个龙珠山的茶树翠绿一片。嫩芽儿片片往外疯长。白郎把众乡亲叫来采茶、制茶。这些茶叶喝一口，清香无比，不单解渴，还能治病，人们就把这种茶叫阿紫茶。不久，阿紫茶的名声不胫而走，外地客商听说龙珠山有这样好的茶，纷纷赶到这里，高价收购。于是当地人在阿紫和白郎的带领下，都过上了好日子。

想不到，阿紫茶的名声最终传到了龙王的耳朵里，龙王马上吩咐龟丞相召她回去。但阿紫过惯了这里的生活，况且她和白郎那样恩爱，所以对龙王的召唤置若罔闻，一连传召几次，阿紫都不愿回去，终于把龙王激怒了，只好上报天庭。玉帝自然以为仙人有别，以雷霆击阿紫，阿紫受了伤，龙甲片片飞入茶园中。幸而，龙王终究念及父女之情，把阿紫救走。阿紫临走时，把一颗龙珠赠给了白郎。

白郎在阿紫走后，郁郁寡欢，相思成病，很快就死了。人们把他埋在茶树下，从此，人们把当地的阿紫茶改称龙珠茶。龙珠茶和别的茶有些不同的是，刚发出来的嫩芽呈现出紫色，人们说，这是阿紫的龙甲化成的，在茶叶和枝干之间，呈现出白色，人们说这是白郎化成的，他们两个要生生世世在一起。后来，这种茶叶在开州的其他地方开始栽种，到了唐代的时候，宰相韦处厚在开县做刺史时，详细地用诗歌记录了开县的茶叶，诗中还记录了这一特征。

当地的乡亲从此以茶叶种植为生，过上了富足的生活。人们为了怀念龙女阿紫和白郎，就把龙女留下来的龙珠供奉起来，修了一座龙珠寺，他们曾经打水泡茶的那口泉，就叫龙珠泉，那座茶山，就叫龙珠山。几千年来，直到现在，这些以龙珠命名的茶山、寺庙、泉水都还保存完好，至今龙珠泉源源不绝，清洌可口，龙珠寺遗迹尚存，且香火不断。

苗岭云雾茶

贵州省苗岭云雾山生产一种香幽味甜的云雾茶,在清朝乾隆时代就是名茶之一。传说云雾山上有座凤凰坡,满坡种茶,有一对凤凰常在茶树上梳洗羽毛,昂头鸣唱。乾隆年间,按照惯例,朝廷每年向苗家索取"贡茶",苗家百姓一年辛苦,往往就这样被官府剥夺得精光,生活十分困难。而贡茶数量年年增加,苗家百姓实在无法活下去了,于是有人说,这样下去,不如毁了茶树,也可免交贡茶了。秋冬来临,山上茅草被寒霜打得白乎乎的,纷纷枯萎了,而茶树依旧郁郁葱葱。可怎样才能叫茶树也像茅草一样枯萎呢?有人说,我们大家烧开水,用开水浇在茶树上,烫焦茶树,就说是遭霜打的。于是大家一齐动手,烧水浇茶树,烫得茶树一片焦黄,然后去禀报官府。县官听了不信,到茶山一看,果然如此,气得大发雷霆,要抓人去惩办。愤怒的百姓提着刀、棒,从四面围了上来,吓得县官连忙答应禀报皇上,免去贡茶,然后匆匆逃去。茶树枝叶虽然枯萎了,但根还活着。那对凤凰见茶树枯萎伤心极了,一边飞,一边哭,凤凰泪滴在茶树上,没有多久,茶树转青复活,枝叶又显得绿葱葱了。凤凰坡的茶树经过凤凰泪的浇灌,品质更加优异。

西山茶

　　广西桂平县风景秀丽的西山，盛产名茶，据《桂平县志》记载："西山茶，出西山棋盘石、乳泉井、观音岩下，矮株散植，根吸石髓，叶映朝暾，故味甘腴，而气芬芳。"

　　传说，西山有一块巨大的棋盘石，周围树木遮天，是避暑胜地，神仙也常来此游玩。一天，东天大仙和西天大仙来此下棋，双方商定，输棋者受罚，对胜者的要求必须照办。两人下了很久，不分胜负。这时两人口都渴了，西天大仙便吹口气，变出了一杯香茶；东天大仙也吹了口气，变出了一杯泉水。两人你喝水，我饮茶，西天大仙正被香茶陶醉时，东天大仙乘机将了他一军，西天大仙输了。这时正巧走来几位和尚，问两位大仙是何物如此清香，得知原来是香茶。东天大仙便罚西天大仙把茶种撒在这里，让这山坡上长出香茶，供人们享用。只见西天大仙吹了口气，无数茶种纷纷撒落在山上。东天大仙接着吹了口气，许多泉眼也相继落在这里，涌出了泉水，泉水色白似乳，众人齐声喊道："乳泉！"乳泉育仙茶，茶树旺盛生长，茶芽齐发，香气浓郁。后来众人都说，西山茶是仙人所赐，所以格外香甜。

信阳毛尖

在河南省信阳地区的茶山里，随处可见既会唱歌又会捉虫的嫩黄色小鸟，人称"茶姐画眉"。茶山上那棵高大的老茶树就是这种鸟儿衔来的种子种活的。

传说很久以前，这里瘟疫横行，死了很多人。村里有个女孩叫春姑，听老人们说当年神农找到一种宝树，用它的叶子煮汤可以治病。这种宝树生长在很遥远的地方。春姑决心寻找宝树为村民治病。她往西南翻过九十九座大山，涉过九十九条大江，历尽千辛万苦，终于来到那座神山，昏倒在泉水旁。这时神奇的泉水将漂来的一片茶叶送进了春姑的口中，不久她就醒了过来，顺着流水向山上寻找，终于找到一棵大树，叶子和她刚才吃过的一样，她知道终于找到了宝树。这时身边出现一位银须老者，就是神农。神农告诉她："这树叫茶树，种子采下来必须在十天之内播进土里才能成活。"可这里离家乡是那么远，怎么可能在十天之内到达呢？她不禁哭了起来。神农说："不要急，我来想个办法。"说完。他用神鞭抽打了两下，春姑就变成一只小画眉鸟。神农说："你赶快飞回去，等到茶籽在土里发芽时，只要你忍住不笑，再像刚才那样伤心地哭一场，就会变回原来的模样。"春姑记住神农的话，衔起茶籽向东北飞去。当春姑飞到家乡的彩云山时，心中激动，高兴得想唱歌。刚一张嘴，那茶籽就掉在山上的石缝中，她立即取土掩盖，取水浇灌，那茶籽就发芽，见风就长高，很快变成大树。春姑开心地笑了起来，不但没有哭，还因劳累过度而倒下，化成像鸟一样的岩石。不久天空下起大雨，茶树上的雨水滴到那块岩石上。石上长出一朵牵牛花，一会儿就开花结籽，那花蕊的柱尖变成一个个金黄色的鸟蛋。鸟儿破壳而出，飞出一群尖嘴、大眼、浑身长着嫩黄色羽毛的小画眉。它们啄了一片片茶叶，飞到村里送到病人家，救活了乡亲们。从此大家纷纷种植茶树，信阳也就成了著名的茶叶产区，信阳毛尖也名扬全国。茶农不忘春姑的功德，就称这种小画眉为"茶姐画眉"。

仙人掌茶

长江西陵峡附近的玉泉寺是一座古寺，始建于三国时候，寺中出产一种名叫"仙人掌茶"的名茶，提起它，还有一段悲壮的故事呢。

传说很早以前的一场战乱中，玉泉寺遭到洗劫，大火烧寺，二百余名和尚死伤一半。此时，恰逢大慈大悲观世音派遣的一位仙人视察三峡水情路过这里，见此惨景很伤心。当时仙人就伸出右掌，口含仙水向前喷去，随着手掌向上抬，便渐渐地从地里长出了一株株一窝窝青翠的茶树来，随着茶树的生长，那些在大火中丧命的和尚竟也一个个死里还生了。寺院里的和尚顿时明白，这死里还生肯定与茶树有关，于是立即采茶煮汤给受伤和尚服用，不久喝了"仙茶"的和尚身体都好了。于是大家跪地向南海观世音派出的那位仙人祷告。从此玉泉寺有了茶园，那茶树是仙人伸掌召唤出来的，制出的茶叶形状似掌，为了纪念那位仙人，寺里和尚就把这种茶叫"仙人掌茶"。同时还将观世音菩萨和仙人的佛像都刻在石碑上，至今仍在。

"诗仙"李白曾喝到过这种茶。李白豪放不羁，听说荆州玉泉真公因常采饮"仙人掌茶"，虽年逾八十仍颜面如桃花，大为赞赏，不禁对茶唱出赞歌："尝闻玉泉山，山洞多乳窟。仙鼠白如鸦，倒悬清溪月。茗生此中石，玉泉流不歇。根柯洒芳津，采服润肌骨。丛老卷

"诗仙"李白曾赞仙人掌茶"举世未见"

绿叶，枝枝相连接。曝成仙人掌，以拍洪崖肩。举世未见之，其名定谁传……"名茶入诗，就是从中国最伟大的诗人开始的，可见这仙人掌茶何其美也。

祁门红茶

传说神农将一种奇树交给安徽山区一对青年夫妇种植，并交代不要对外人泄密。第二年树长得很茂盛，他们煮了一锅汤水给大家喝。正逢红霞满天，汤水被映得通红，清香无比，提神解乏。人们就将这里的山称为"奇山"，将这对夫妇的家门称为"奇门"。王母娘娘曾经喝过神农献给她的奇树叶，就到奇山、奇门寻找奇树。当她来到这里时，妻子便说："我们这里叫祁山、祁门，不是奇山、奇门。"妻子说，既然天神都来查访，我们就将它叫做"查"树，从此不食其果，但饮其叶，这样就可以平安无事了。

当然这是一个美好的传说，祁门红茶创制于清末，要从一位叫余干臣的人物说起——

清朝光绪年以前，祁门只产绿茶，不产红茶。1875年，安徽黟县有个名叫余干臣的人，在福建罢官回原籍经商，因见红茶畅销多利，便在至德县尧渡街设立红茶庄，仿"闽红茶"制法，开始试制红茶。

1876年，余氏又先后在祁门西路镇、闪里设红茶分庄，扩大经营。由于祁门一带自然条件优越，所制红茶品质超群出众，因此，产地不断扩大，产量不断提高，声誉越来越好，在国际红茶市场上引起了茶商的极大注意，日本人称其为"玫瑰"，英国商人称之"祁门"。

这位余干臣，原名昌恺，徽州黟县人。他原是福州府的一个小官，九品的府税课司大使，1874年的时候他已经在任上干了七年。但在五口通商后的福州，这却是个重要的岗位。彼时福州堪称全国最大的茶叶出口口岸，余干臣至少做了两件与茶有关的大事。

1869年，福州茶帮集体抗议洋商压价采购，同时请求政府允许缓缴茶叶税收，得到了政府的支持，作为税务官员，余积极支持了这一行为。而当时的福州船政局，由于缺少资金，确定闽省每月征收茶税两万两专补。余知道船政局对中国国防现代化的重要意义，也全力以赴地完成了自己的任务。由此余和在福州的茶帮结下了不解之缘。尤其当时唯有红茶畅销利厚，余不仅深知此道，而且和以红茶经营为主的公义堂等行帮会首结为朋友，因此经常前往福建红茶产地，对红茶生产有了明确的了解。

变故发生在1874年。这一年5月，日本侵略了台湾，清廷派沈葆桢前往驱逐谈判，余干臣被安排一起前往。但恰在此时，余收到安徽老家来信，得知母亲去世。余是个对母亲极孝顺的人，而且按清廷规定余干臣必须回乡丁忧三年。但爱国的余干臣认为，当此之际，忠孝不能两全，当为国运昌盛而尽责。遂隐忍悲痛，义不容辞地随军去了台湾。至这年年底，日本退出台湾，余才返回福建，却不料遭遇了嫉妒的同仁的举报陷害。因为按清朝规定，父母亡而隐瞒不报丁忧的官员，必革职。就这样，这个有着正义感的小官员，由此黯然踏上了回乡之路。

归乡之后的余干臣激起了沉寂已久的茶叶情怀。他当即在商贾熙攘的尧渡街上置下门面，收徒设店，收购鲜叶，开创性地做起了他所知晓的红茶。

当第一批红茶制出时，那股从未品尝过的奇异的甘醇和甜香，从内心震撼了这个见多识广的税官。不久，他悄悄派得力的学徒送了一批红茶到福州相熟的茶行买办处，果然不出所料，他的茶叶同样震撼了那些行家，他得到了高出许多的回报。余干臣记起了福建茶商用赚取的利润不断再投入发展茶叶生产的做法，他不再是一个保守的传统徽商，他希望他所掌握的红茶技艺也能造福于更多桑梓故里的百姓。当他走到毗邻的祁门县闪里之时，看到当地优越的生产条件和众多的农人在忙于茶事之时，又禁不住停下了脚步。按照在至德尧渡街的经验，他同样做出了香高味醇、乌润紧秀的红茶，这让他倍感振奋，索性一不做二不休，在离闪里不远的历口镇又设了一个分茶庄，迅速加大了产量和红茶的推广。更为重要的是，他原来在福州茶行买办的朋友，为了抢先独占这个新颖的红茶品种，悄然把出口口岸从福州北移到了上海，这样不仅短期内可以避免同行的抢购竞争，而且比起福州来，使得从祁门的出口运输不管是陆路还是水路都来得更加便捷。

如同一个播火者，余干臣让这美好的祁红新茶品在这一带星火燎原。然而，据说创造了如此美好祁红的余干臣，除了保持对茶的热爱之外，却长久不能排遣对母亲过世的歉疚，晚年选择了在九华山出家遁世。

无独有偶，还有一位人物也同样是祁门红茶的缔造者。1875 年前后，祁门人士胡元龙借鉴了外省的红茶制法，在祁门加工出了红茶，后由北平同盛祥茶庄引入北平，在市场上获得了成功。

祁门红茶是中国茶叶在清末风雨飘摇岁月中的一抹鲜红。

诸 葛 亮 与 普 洱 茶

在云南，诸葛亮被奉为"茶祖"。三国时期，诸葛亮在刘备白帝城托孤后，更加忠诚于汉室。为了实现匡扶汉室、统一全国的宏愿，诸葛亮屯兵八年，惨淡经营，在修水利、垦荒地、养蚕桑和种植茶树等方面做出了极大的贡献。其中对种植茶树的贡献更是突出。

以茶驰名的普洱市，原称"思茅"。而这"思茅"之名的由来又与诸葛孔明有关。

三国时期，诸葛亮为伏孟获前往边陲的一个小盆地，因路上山高路陡，无法坐木轮车，也难于骑马，只能走路，且行走艰难。当走到这个小盆地的军营时，他累病了，躺在一间小茅草房里养病。他卧病在床，病睡中思念起故乡隆中的茅庐来，想起先主刘备三顾茅庐之恩。他自己也感到奇怪，自随刘备出山以来，自己从未有过思乡之念，为何来到此地却思念起故乡呢？他一声长叹："此乃思茅之地也！"从此这个小盆地就被后人称为"思茅"。

诸葛亮生病十几天，不见好转。一个早晨，诸葛亮醒来，感到口干舌燥，在起身之时，他看到他插在床头边的小树手杖上长出了好多的嫩芽，水灵灵的，好生可爱！他摘了一片芽，用鼻子闻了闻，一股清香直入肺腑。放到嘴里一嚼，淡淡的苦，香香的涩，嚼着嚼着口水不断涌出，往下一咽，顿感清爽宜人，片刻后即无口干舌燥之感。军士们见诸葛亮的病情突然好转，都非常激动，寻问丞相吃的是何灵药？诸葛亮笑着对大家说："吃了我插树之叶也！"顿时整个军营都在互传诸葛亮吃插树之叶病愈的事。当时的军中都有这样的规定，凡是军中大事都要一一记录，丞相病愈当然是件大事，可当记事官记到这个"插"字时却犯了难，不知这个字如何写，就问诸葛亮："丞相！此插树为何名？当下军中都知丞相吃了插树叶而病愈，可此'插'字非物名也，在下无名可记，该如何是好？"诸葛亮一想是呀！军中都知此物为插树叶，再起别名甚难！此时诸葛亮抬头摇扇，仔细查看这棵插在小草房里的小树手杖，一阵小风吹来，诸葛亮住的茅屋的草顶哗哗作响，小树的嫩叶也微微颤动，好像在示意着什么，突然诸葛亮把羽扇一放说了声："拿笔来。"只见诸葛亮写了一个"茶"字，记事官问道："丞相！此字何音？"诸葛亮答道："此字与'插'字同音，就是此树之名也！"记事官仔细一看，可不是嘛，草房里的树木不正是此树吗？音同"插"字，"茶"！

诸葛亮辅佐刘禅执政，为维护蜀汉政权、安定西南地区的少数民族，曾亲率大军深入"夷蛮之地"，治乱安民。当地的瘴气疫毒十分严重，很多兵士染上瘟疫，诸葛亮十分焦急，遂将茶叶烹水，让兵士们饮用。结果兵士们都灾消疾去，一鼓作气征服了西南部的"夷蛮之地"。

为了安抚这些地区的民族，诸葛亮还派人从汉中运来稻谷和茶树，并向这些民族传授耕种农作物和茶树的技术，特别是对茶树园的管理和对茶叶的采摘、焙炒的技术。由此，西南边陲的当地民族学会了种植农作物和种茶，以及制茶的技术、饮茶的方法，还懂得了茶叶的除湿排毒、降火驱寒、养肝明目、健脾温胃等治疗疾病的作用。

诸葛亮还以茶为媒介，联络西北部的羌氏族，求得西北部的安定，以便集中兵力伐魏攻曹。他设立"茶店子"，以茶社和贸易吸引羌氏族人。诸葛亮还设立接官厅，邀请羌氏族首领品茶议事，以谈茶论道来谋求与羌氏族携手抗曹。羌氏族以游牧为生，多食牛羊肉，茶叶能消食化腻，很受羌人头领的喜欢。羌人头领在品茶中得益，答应与诸葛亮联合抗曹，曾将数十万大军交给诸葛亮指挥。

清朝道光年间的《普洱府志》中有这样的记载："旧传武侯遍历六山，留铜锣于攸乐，置铜镘于莽枝，埋角砖于蛮砖，遗木梆于倚邦，埋马蹬于革登，置撒袋于曼撒，固以名其山。"该志还提到，大茶山中有孔明山，是诸葛亮的寄箭处。

书中写道，三国诸葛亮路过勐海南糯山，士兵因水土不服而生眼病，孔明以手杖插于石头寨的山上，遂变为茶树，长出叶子，士兵摘叶煮水，饮之病愈，以后南糯山就叫孔明山。又说普洱县之东南有无影树山，山上有祭风台，山上的大茶树是武侯遗种，夷民祀之。另有传说云南六大茶山之一的攸乐叫孔明山，当地居民每年农历七月二十三日为纪念孔明诞辰，都举行放孔明灯的活动，称为"茶祖会"。

关于诸葛亮与茶的传说还有许多，其实历史上的诸葛亮本人并未到过普洱，但这些传说多少反映了内地与边疆文化交流的背景。诸葛孔明成为先进文化的象征，中华各兄弟民族都崇敬的圣贤。因为，茶总是与那些贤德之人分不开啊！

普洱茶争宠皇宫

普洱茶产于云南西双版纳傣、哈尼、基诺、布朗、拉祜等族分布的六大茶山。据清朝乾隆九年（1744 年）《内务府奏销档》载："云南督抚按例恭进的上等名茶有普洱小茶四百圆，普洱女儿茶、蕊茶各一千圆，普洱芽茶、蕊茶各一百瓶，普洱茶膏一百匣。"皇宫中各种普洱名茶荟萃，品类繁多，为其他茶难以比拟。

据末代皇帝爱新觉罗·溥仪证实，普洱贡茶是清皇室成员的宠物，拥有它是衡量皇家成员地位是否显贵的标志。溥仪回答："清宫生活习惯，夏天喝龙井茶，冬天喝普洱茶。皇帝是每年都不会放过品尝普洱头贡茶的良机的。"

清代皇族对普洱茶情有独钟，难怪它有如此身价。

白毫银针

福建省东北部的福鼎、政和一带盛产一种名茶，色白如银，形直如针，据说有明目降火的奇效，可治"大火症"。这种茶就叫"白毫银针"。

传说很早以前，有一年，久旱不雨，瘟疫四起，病者、死者无数。在东方云遮雾挡的洞宫山上有一口龙井，龙井旁长着几株仙草，揉出草汁能治百病，草汁滴在河里、田里，就能涌出水来，因此要救众乡亲，除非采得仙草。当时有很多勇敢的小伙子纷纷去寻找仙草，但都有去无回。

有一户人家，家中兄妹三人，大哥名志刚，二哥名志诚，三妹名志玉。三人商定先由大哥去找仙草，如不见人回，再由二哥去找，假如也不见回，则由三妹寻找下去。这一天，大哥志刚出发前把祖传的鸳鸯剑拿了出来，对弟妹说："如果发现剑上生锈，便是大哥不在人世了。"接着就朝东方出发了。走了三十六天，终于到了洞宫山下，这时路旁走出一位白发银须的老爷爷，问他是否要上山采仙草，志刚答是，老爷爷说仙草就在山上龙井旁，可上山时只能向前千万不能回头，否则采不到仙草。志刚一口气爬到半山腰，只见满山乱石，阴森恐怖，身后传来喊叫声，他不予理睬，只管向前，但忽听一声大喊：

275

"你敢往上闯！"志刚大惊，一回头，立刻变成了这乱石岗上的一块新石头。

这一天志诚兄妹在家中发现剑已生锈，知道大哥不在人世了。于是志诚拿出铁镞箭对志玉说，我去采仙草了，如果发现箭镞生锈，你就接着去找仙草。志诚走了四十九天，也来到了洞宫山下遇见白发老爷爷，老爷爷同样告诉他上山时千万不能回头。当他走到乱石岗时，忽听身后志刚大喊："志诚弟，快来救我！"他猛一回头，也变成了一块巨石。

志玉在家中发现箭镞生锈，知道找仙草的重任终于落到了自己的头上。她出发后，途中也遇见白发老爷爷，同样告诉她千万不能回头等话，且送给她一块烤糍粑。志玉谢后背着弓箭继续往前去，来到乱石岗，奇怪的声音四起，她急中生智用糍粑塞住耳朵，坚决不回头，终于爬上山顶来到龙井旁。她拿出弓箭射死了黑龙，采下仙草上的芽叶，并用井水浇灌仙草，仙草立即开花结籽。志玉采下种子，立即下山。过乱石岗时，她按老爷爷的吩咐，在每一块石头上都滴上仙草芽叶的汁水，石头立即变成了人，志刚和志诚也复活了。

兄妹三人回乡后将种子种满山坡。这种仙草便是茶树，于是这一带年年采摘茶树芽叶，晾晒收藏，广为流传。这便是白毫银针名茶的传说。

白牡丹

福建省福鼎县一带盛产白牡丹茶，这种茶身披白毫的芽叶成朵，宛如一朵朵白牡丹花，有润肺清热的功效，常当药用。

传说这种茶树是牡丹花草变成的。在西汉时期，有位名叫毛义的太守，清廉刚正，因看不惯贪官当道，于是弃官随母去深山老林归隐。母子二人来到一座青山前，只觉得异香扑鼻，于是便向路旁一位鹤发童颜、银须垂胸的老者探问香味来自何处。老人指着莲花池畔的十八棵白牡丹说，香味就来源于它。母子俩见此处似仙境一般，便留了下来，建庙修道，护花栽茶。一天，母亲因年老劳累，口吐鲜血病倒了。毛义四处寻药，疲劳之极后就昏睡在路旁，梦中又遇见了那位白发银须的仙翁，仙翁问清缘由后告诉他："治你母亲的病须用鲤鱼配新茶，缺一不可。"毛义醒来回到家中，母亲对他说："刚才梦见仙翁说我须吃鲤鱼配新茶，病才能治好。"母子二人同做一梦，认为定是仙人的指点。这时正值寒冬季节，毛义到池塘里破冰捉到了鲤鱼，但冬天到哪里去采新茶呢？正在为难之时，忽听得一声巨响，那十八棵牡丹竟变成了十八棵仙茶，树上长满嫩绿的新芽叶。毛义立即采下晒干，说也奇怪，白毛茸茸的茶叶竟像是朵朵白牡丹花，且香气扑鼻。毛义立即用新茶煮鲤鱼给母亲吃，母亲的病果然就好了。不但病好了，她还嘱咐儿子好生看管这十八棵茶树，说罢跨出门便飘然飞去，变成了掌管这一带青山的茶仙，帮助百姓种茶。后来为了纪念毛义弃官种茶，造福百姓的功绩，建起了白牡丹庙，把这一带产的名茶叫做"白牡丹"。

绿雪芽

在福建省福鼎县的太姥山才堡村有一位穷家女孩叫兰姑。她避居在山中的岩洞庵时，在鸿雪洞旁边荒草丛中发现一棵与众不同的茶树，就精心培植。到春天，茶树就长出绿雪似的晶莹碧透的叶芽。她采摘这些嫩叶制成茶叶，用山泉冲泡，格外清甜芬芳，取名为"绿雪芽茶"。一年，村里孩子患病，皆生麻疹，她就用绿雪芽茶救活了孩子们的性命，人们称之为"仙茶"。兰姑去世后，人们想念她，经常到月夜谷中去呼唤她。兰姑已经升天成仙，听到乡亲们呼唤，非常感动，在每年七月七日，便驾着五色龙马来到望仙桥上与乡亲们见面，人们惊奇地发现她还是跟年轻时一样美丽。人们为了纪念她，在鸿雪洞边为她造了石墓，在白云寺里为她塑像，尊称她为"太姥娘娘"。至今，每年清明，还有人把新采的绿雪芽茶用红漆盘盛着，放到她的像前祭奠。

乌龙茶

乌龙茶是中国六大茶类之一，在民间，有很多关于乌龙茶的传说，这些富有传奇色彩的故事给我们许多想象。那它为什么会被称做"乌龙茶"呢？

福建一带对乌龙茶的来历，有这样一个传说。相传清朝雍正年间，福建有一个茶农，是打猎能手，名叫胡良，长得黝黑健壮。一年春天，胡良腰挂茶篓，身背猎枪上山采茶。中午时分，一头山獐突然从身边溜过，胡良举枪射击，但负伤的山獐拼命逃向山林中，胡良也随后紧追不舍，终于捕获了猎物。胡良把山獐背到家，全家人忙于宰杀、品尝野味，将制茶的事忘记了。第二天清晨全家人才忙着炒制昨天采回的"茶青"。没有想到放置了一夜的鲜叶，已开始发酵，镶上了红边，并散发出阵阵清香，当茶叶制好时，滋味格外浓厚，全无往日的苦涩。通过不断琢磨与反复试验，经过萎凋、摇青、半发酵、烘焙等工序，终于制出了品质优异的茶类新品，人们叫它"胡良茶"，方言相近就渐变为"乌龙茶"。

青龙与乌龙

　　说到广东乌龙茶，潮州凤凰山的单丛、水仙绝对是其代表。而且，它们还一直保留着传统乌龙条型茶的制作方法。

　　在潮州凤凰山区，一直流传着这样一个古老的传说：青龙和乌龙是一对孪生兄弟，都是南海龙王之子。一天，青龙化身人形独自上岸游玩，适逢人世宫廷盛会，他十分留恋人间美好的生活，便投胎大耳妈而成为龙麒。龙麒为高辛帝解除危难，除掉番王，保卫了中原，立了大功，被封为驸马，赐名盘瓠。成婚后，为自食其力，与公主不远万里，到凤凰山安家落户，成为中国畲族的始祖。青龙与高辛氏生下三男一女，过着刀耕火种、深山狩猎的幸福生活。这事传到了日夜想念哥哥的乌龙那里，勾起他既羡慕又思念青龙的急切心情，乌龙便沿着韩江溯流而上，寻上凤凰山来，进入一个花果飘香、美丽富饶的山间世界。乌龙见过嫂嫂高辛氏，又见到结实健壮的青龙后代盘、蓝、雷三兄弟，却不见哥哥青龙。当得知盘瓠已进深山打猎，他便迫不及待地上山去找哥哥。

　　在山上，乌龙远远地看见盘瓠正在追赶一只老山羊，他想与哥哥开个玩笑，便变成一条又粗又老的黑须藤，横卧在路上。盘瓠只顾追赶前面的老山羊，没注意到脚下，被黑须藤重重绊了一跤，掉下万丈深渊。乌龙见状，急忙现身下渊驮起哥哥回家，但盘瓠已是气绝身亡。

乌龙悔恨交加，遂重变黑须藤，欲求嫂侄一家谅解。不料老大盘氏怨气冲天，抢起大刀猛砍黑须藤。乌龙负痛现出原形，但见尾巴已断，鲜血淋漓，残尾仍为古藤。乌龙转念一想：兄长因自己而死，自己也已身残，活着也无用，不如化成茶树，向嫂侄一家人赎罪，也可造福兄长的后人。于是，乌龙飞向山顶，抖落身上的鳞片，变成一株株的茶树，漫山遍野遂长满了碧绿的乌龙茶树。这样，在青龙子孙们的精心培育下，乌龙茶代代相传，不但在凤凰山广被种植，还随着畲族同胞的历史大迁徙，又传种到福建、浙江、台湾等地。

饶宗颐在《潮州畲民之历史及其传说》一文中记载："石古坪传说，谓驸王至茅山学法游猎，为山羊触伤，在树上攀住一藤，卒以藤断跌死，由猴舁葬于南海山中，故凤凰各村流行畲歌，有石古坪恶畲客藤断石压之语。今（1948 年）石古坪蓝氏祖祠，其龛下有箱二，有长均三四尺之藤，据传为附王（即盘瓠）之遗物也。"这遗物就是全国各地畲胞珍视的"老公藤"，是一个非常重要的物证，可惜在1952 年毁于破除封建迷信的无知烈火中。

大红袍

　　大红袍是福建省武夷岩茶中的名丛珍品。关于它的来历，流传着很多故事。

　　传说古时，有一位穷秀才上京赶考，路过武夷山时，病倒在路上，幸被天心庙老方丈看见，泡了一碗茶给他喝，果然病就好了。

　　后来秀才金榜题名，中了状元，还被招为驸马。一个春日，状元来到武夷山谢恩，在老方丈的陪同下，前呼后拥，到了九龙窠，但见峭壁上长着三株高大的茶树，枝叶繁茂，吐着一簇簇嫩芽，在阳光下闪着紫红色的光泽，煞是可爱。老方丈说："去年你犯鼓胀病，就是用这种茶叶泡茶治好。很早以前，每逢春日茶树发芽时，人就鸣鼓召集群猴，穿上红衣裤，爬上绝壁采下茶叶，炒制后收藏，可以治百病。"状元听了要求采制一盒进贡皇上。第二天，庙内烧香点烛、击鼓鸣钟，召来大小和尚，向九龙窠进发。众人来到茶树下焚香礼拜，齐声高喊"茶发芽！"然后采下芽叶，精工制作，装入锡盒。

　　状元带了茶进京后，正遇皇后肚疼鼓胀，卧床不起。状元立即献茶让皇后服下，果然茶到病除。皇上大喜，将一件大红袍交给状元，让他代表自己去武夷山封赏。一路上礼炮轰响，火烛通明，到了九龙窠，状元命一樵夫爬上半山腰，将皇上赐的大红袍披在茶树上，以示皇恩。说也奇怪，等掀开大红袍时，三株茶树的芽叶在阳光下闪出红光，众人说这是大红袍染红的。后来，人们就把这三株茶树叫做"大红袍"了。有人还在石壁上刻了"大红袍"三个大字。从此大红袍就成了年年岁岁的贡茶。

仙茶灵药大红袍

很久以前，武夷山深谷中有座小庙。庙里和尚发现一条蟒蛇经常偷吃母鸡下的蛋，就以涂上雄黄的卵石混在鸡蛋中让蟒蛇吞吃。蟒蛇吞吃后满地打滚，突然跃起咬了几片树叶吞下，就扬长而去。老和尚知道这叶子能够解毒，就用它来给人治病，很快就远近闻名了。

有一次皇帝南巡到武夷山区，突然病倒了，连御医也束手无策。情急之下，听说老和尚医道高明，便来求医。老和尚用那树叶熬汤给皇帝喝，居然药到病除。皇帝亲自到那棵树前，见夕阳下有一线山泉像银丝般直喷到树上，蔚为奇观。便说："朕念你救驾有功，现赐你红袍，待回宫后再下旨封诰。"说罢脱下身上的大红滚龙袍披在茶树上，还题了"救驾有功"四字匾额。老和尚见状脱口而出"大红袍！"皇帝笑说："这茶树就叫大红袍吧。"后来一位姓吴的知县还在茶树的山崖上刻了"大红袍"三个大字。从此这棵茶树就叫"大红袍"了。它每年只可采制一斤左右的茶叶，故非常珍贵。

又传说一千年以前，有位皇后病重，连京城的名医都无法医治。太子就微服私访，到民间去寻访良医。一日太子来到武夷山区，遇一猛虎正欲扑咬一老汉，便挥剑杀死了老虎。老汉跪谢救命之恩，听说恩人是来求药的，便说："我们山区是用一种树叶子治好类似的病，我表哥就是用它治好了舅母的病。"太子便跟老汉来到悬崖边上，看到一棵枝叶繁茂散发着清香的大树，旁边还有两株小树。他即刻脱下身上的红袍，把采下的树叶子包在里面，飞速下山，连夜赶回京城。

皇后喝了用这树叶熬煮的汤水，病情大为好转，几天之后就痊愈了。皇帝下旨，封中间那棵大树为"大红袍"，两旁的小树为"副红袍"，每年寒冬腊月，赐红袍裹身。又封老汉和他表哥为"护树将军"，世代相袭，每年采制两次，精制成茶叶进贡皇宫。

还有一个传说，皇帝老儿成了负面角色。

在一个连年灾荒的夏天，武夷山北路慧婉村有个穷老婆婆，将树叶熬煮成汤水，正要喝时，听到门口有人呻吟，出门一看，是个挂着龙头拐棍的白发老头坐在石磴上喘气。老婆婆将他扶进屋里，端起那碗汤让他喝。老头喝了之后，立刻红光满面，精神抖擞，笑呵呵地说："好心人呀，感谢你救了我。这把龙头拐棍就送给你吧。你在地上挖个坑，把拐棍插上，再浇碗水，它会给你带来好运的。"说罢就变成身穿红袍的道人驾云而去。原来是个神仙呀。

老婆婆按照吩咐种下了拐棍，第二天它就长成一棵大茶树，大家采摘茶叶总采不完，用它熬汤充饥，救了全村人的性命。谁知皇帝闻讯派兵前来强将茶树挖走，移栽到皇宫后花园里。皇帝叫来文武百官，他亲自上前采摘。当他伸手时，茶树却忽然长高了一大截。皇帝站到椅子上去采，茶树又长高一截。拿来梯子，爬了上去，茶树又向上升，最后直上云霄。皇帝气得下令砍树。可当斧头刚碰到树身，就见寒光一闪，茶树倒下，压塌了皇宫，压死了皇帝，吓得文武百官抱头鼠窜。这时，天上飘来一朵红云降落在茶树上，将它卷上天空，飞到武夷山区，一直飞到九龙窠的半山腰才降落下来。等老婆婆和众人赶来时，那茶树已经在岩石缝中扎根生长了。树上还披着红色的仙袍呢。从此，人们就叫这棵茶树为"大红袍"。

铁罗汉

铁罗汉是武夷岩茶的名丛之一。原生长在慧苑岩内鬼洞中，树型壮实，叶长，治病有奇效。

传说西王母幔亭招宴，五百罗汉开怀畅饮，掌管茶的罗汉醉得最深，在途经慧苑坑上空时，将手中茶折断，落在慧苑坑里，被一老农捡回家。罗汉托梦给老农嘱咐他将茶枝栽在坑中，制成茶，能治百病，故命名为铁罗汉。

历史上惠安县有个施集泉茶店，经营武夷岩茶"铁罗汉"最为有名。在 1890 年到 1931 年前后，惠安县发生了两次时疫，患者饮用施集泉的铁罗汉茶后，得以痊愈，有如罗汉菩萨救人济世。

不 知 春

福建省武夷山有一种品质极为优异的名种茶树叫"不知春"。为什么叫不知春呢？

传说有个叫寒秀堂的书生，平生爱茶如命，读《茶经》，吟茶诗，作茶赋，喝山茶。一天，他听人说武夷山山美、水甜、茶香，便要亲临其境，尝试一番。但来到武夷山后，不巧清明、谷雨已过，春茶采摘已毕，甚为扫兴。但他被武夷的山光水色吸引，顺着山路来到九曲溪边，看到了"水仙"茶，在九龙窠看到了"大红袍"，在慧苑坑看到了"白鸡冠"，在凤林丹岩看到了"吊金龟"等等茶树名种，只是茶树上的嫩梢芽叶已不多见。

当他走到天游峰下的一块大石旁，忽然闻到一股奇异的香味，似兰又似桂，清甜浓郁。顺着香味走去，来到一个阴暗冰凉的岩洞，发现在石头堆里长着一株大茶树。树叶又大又厚，满树郁郁葱葱，随风摇曳。寒秀堂忍不住感叹地说："春过始发芽，真是不知春呐！"话音刚落，洞外传来一阵笑声，回头一看，原来是个红衣姑娘提着茶篮站在洞口，笑吟吟地说："哎呀，'不知春'这茶名起得真好，谢谢先生。"红衣姑娘是武夷山的茶姑，年年到此采摘香茶，但始终不知其名，刚才听到先生给茶树起了个美名，忙施礼道谢。寒秀堂却不好意思地说："小生不过随口说说而已，既然姑娘喜欢这个名字，就管它叫'不知春'吧!"从此不知春名丛茶树名扬四方，制得香茶远销海内外。

这个故事是否还引出了一段美满的茶缘呢? 还真是不知了。

铁观音

相传 1720 年前后，安溪尧阳松岩村（又名松林头村）有个老茶农魏荫，勤于种茶，又笃信佛教，敬奉观音，每天早晚一定在观音前敬奉一杯清茶，几十年如一日，从未间断。有一天晚上，他睡熟了，蒙眬中梦见自己扛着锄头走出家门。他来到一条溪涧旁边，在石缝中忽然发现一株茶树，枝壮叶茂，芳香诱人，跟自己所见过的茶树不同。第二天早晨，他顺着昨夜梦中的道路寻找，果然在观音仑打石坑（地方名）的石隙间，找到梦中的茶树。仔细观看，只见茶叶椭圆，叶肉肥厚，嫩芽紫红，青翠欲滴。魏荫十分高兴，将这株茶树挖回种在家中一口铁鼎里，悉心培育。因此茶是观音托梦得到的，遂取名"铁观音"。

铁观音的另一个传说是：西坪尧县有位文士叫王士让，出任过湖广黄州府蕲州通判，在家乡的书轩辟有一个花圃。在回乡度假时发现荒园层石间有株形态独特的茶树，香气扑鼻，立即采掘移种到苗圃里，细心照顾，茶树长得枝繁叶茂。到了春天采摘后精心制作，果然气味芬芳。假满赴职，王士让带了一些茶叶给礼部侍郎方苞。方苞又将它进贡给乾隆皇帝。乾隆品尝后赞它为绝品，召见王士让，询问由来。王士让将经过禀述一番，并说尚未取名，乾隆觉得此茶貌似观音重如铁，产地在南岩，便赐名为"铁观音"。

冻顶乌龙

据说台湾乌龙茶是一位叫林凤池的台湾人从福建武夷山把茶苗带到台湾种植而发展起来的。

林凤池祖籍福建，出生在台湾，是一个有志青年。一年，他听说福建要举行科举考试，想去参加，可是家穷，难以筹措路费。乡亲们得知此事后，都纷纷捐助，给林凤池凑出路费。临行时，乡亲们对他说：“你到了福建，可要向咱祖家的乡亲们问好呀，说咱们台湾乡亲十分想念他们。”还交代说：“考上了，以后要再来台湾，别忘了这是你的出生故里啊！”

林凤池学问好，没有辜负乡人，考中了举人。在福建住了几年后，决定回台湾探亲，临行前考虑要给乡亲们带什么礼物。他想到福建武夷山的乌龙茶有名，就要了三十六棵乌龙茶苗带回台湾，种在了南投县鹿谷乡的冻顶山上。经过乡亲们的精心培育繁殖，建成了一片茶园，采制出的台湾乌龙茶清香可口。

后来林凤池奉旨晋京，他把这种台湾乌龙茶献给了道光皇帝，皇帝饮后称赞说：“好茶，好茶！”问是什么地方的茶，林凤池说是福建茶种移至台湾冻顶山采制而成的。道光皇帝说：“好，这茶就叫冻顶茶。”从此台湾乌龙最著名的一款就是这“冻顶乌龙”。

漳平水仙

时至今日，在福建南洋、双洋两镇交界的原始森林中，还遗存着几十株郁郁葱葱的水仙茶母本树，其中最大的一株高达7.35米，围径1.3米，树幅5.5米，生长在北寮村石牛岽顶的崖峰峭壁间。牛岽顶海拔1365.8米，终年云蒸霞蔚。这株罕见的水仙茶古树，是福建省迄今为止发现的最古老的一株水仙茶古树，被专家称为水仙茶母本活化石。

漳平水仙茶原名"小种茶"，是从北寮石牛岽野生茶繁殖，经移栽进行小面积种植，因而称"小种茶"。从"小种茶"演变为如今的水仙茶，其名称由来，另有一个有趣的民间传说。

相传，乾隆皇帝下江南至福建时，精专马屁术的巡抚大人特设龙虾大筵宴请这位帝王。乾隆帝对席上海鲜的造型精美和鲜美可口大加赞赏，大快朵颐。时至午夜，这半生不熟的海鲜在肚子里翻江倒海，顿时上吐下泻，随行的宫廷御医见此情形，手忙脚乱的，不知所措。

这下可急坏了巡抚大人。他面如土色，万一皇帝有个好歹，他怕是要招致杀身之祸。巡抚大人的老母亲身边有个名叫"水仙"的丫鬟，听说乾隆帝上吐下泻闹肚子一事，连忙对巡抚大人出主意说："请大人不要急，皇上吃坏了肚子，我家乡出产的'小种茶'能止吐止泻，我们乡里人外出都随身带上几包以作预防急用，我这就去给大人拿来。"

水仙姑娘立刻进屋取茶冲泡，巡抚大人如获至宝，端起泡好的大碗茶赶忙送到皇上面前，随即匍匐在地，连磕几个头，然后高高举起泡好的"小种茶"，向皇上禀告："臣罪该万死。请皇上喝了这碗仙茶，定会龙体康安。"乾隆帝已被折腾得心力交瘁，接过碗迫不及待地饮完这一大杯茶。过了片刻，只觉润喉留香，回味甘醇，精神好了许多。不到半个时辰，便神采奕奕，龙体恢复如初。乾隆帝忙问："从哪里来的茶？真是胜过灵丹妙丸！"

面对皇上问话，惊魂未定的巡抚大人顿时结结巴巴，不知如何回答，蓦然想起丫鬟名叫"水仙"，家居漳平南洋，便答道："启禀圣上，这……这是南洋来的水仙茶。"乾隆帝龙颜大悦地说："真是好茶！以后，每年给朕送些南洋水仙茶来！"

从此，漳平水仙茶成了贡品，"小种茶"也就更名为"水仙茶"。

凤凰单丛

凤凰山乌崇山上，海拔1498米最高峰凤鸟髻的对面，像一支金凤凰的冠。这儿有一株老茶树，采下的茶叶泡起来特别清香，人们都把它叫"凤凰茶"或叫单丛茶。清明时期，当地官员还拿它给皇帝进贡。

为什么凤凰单丛的香味如此独特呢？这里有段动人的传说。相传凤凰原来是如来佛前的一只侍鸟，因不甘佛门寂寞，羡慕人间欢乐，便偷偷地逃出梵宫，飞来人间，化作一个聪慧美丽的姑娘，与憨厚诚实的牛郎结为夫妻。他们每日种田务茶，和睦相处，十分恩爱。不料此事被如来察知，勃然大怒，认为私奔红尘，违犯佛门戒规，大逆不道，便派沙沱和尚赶来，用五雷轰塌了田庄，天火焚烧了茶林，将牛郎点化为青牛山。凤凰姑娘正欲与沙沱和尚决一死战，以报杀夫之仇，不料被沙沱抢先下了毒手，用神针钉死。现在山腰有根大石柱，据说就是那根神针。古茶树劫后余生，所以直立不倒，是凤凰姑娘宁死不屈蔑视神威的象征。在凤凰山山嘴，有一口天池，据说是凤凰的血泪凝成，炎夏酷暑，凉爽沁人。凡来往行人走到这里，都要坐下歇一歇脚，欣赏天池四周美景，一边喝着天池里的甜水，一边讲述凤凰姑娘的动人故事。

宋种单丛茶

　　南宋最后一个皇帝赵昺和群臣为了逃避元兵的追赶，逃到凤凰山乌崇顶的仙草寅这个地方。他叫嚷口干要喝茶，随从大臣说："这里前无人家，后无店铺，哪里有茶可喝?"宋帝听后大哭，还是叫嚷。这时，从远处飞来一只凤凰，口里含着一截翠绿的树枝，歇落在宋帝的眼前，把那树枝放下，随即又飞走。宋帝一见，立即拾起树枝，摘了一片叶子塞进口里一嚼，惊叫着说："味清甘，是茶叶，是好茶叶，香茶叶!"说后分给每人一叶，大家一嚼，也觉得津津有味，也都说是好茶叶。可惜树枝的叶子被嚼完了，只剩枝头两个茶果。宋帝认为有茶果必有茶籽，就高兴地剥开果壳，取出了八颗茶籽，种下地里。茶籽一落地，随即发芽、生根、开花、结果，都长成了一棵棵大茶树。宋帝更高兴了，又摘下茶果撒遍山坡，茶果撒到哪里，就在那里发芽、生根、长叶，茶树把乌崇顶盖住了。后来，凤凰人就把乌崇顶的茶叶叫做宋茶。传说归传说，事实上，南宋时期，凤凰山民已在房前屋后零星种植了鸟嘴茶树。他们已懂得茶叶有生津止渴、提神醒脑、助消化、祛痰止咳等功能，因此，户户种植，延续至今。

吴六奇与十里香单丛茶

清代，太子太保、左都督、饶平镇总兵官吴六奇精心策划，并调动大量的兵士和民工，在凤凰乌岽山的太子洞下大兴土木，建设一座前后两栋及山门为三进，两翼左右廊共四十五间的太平寺，历时四年之久，于清顺治庚子（1660 年）竣工，轰动了饶平县内外及周边地区。太平寺庆典之日，香火十分旺盛，四面八方都送来了贺礼，顶礼膜拜，乌岽顶的山民也不例外，送来了大量的凤凰单丛茶，以表虔诚之心。

中午，吴六奇和太平寺的住持设茶宴款待僧众、居士及山民。宾主步入客堂斋厅，见席上的摆设，无不觉得诧异，以往是稀粥素菜，或是果品糖类，今天却是在每位面前摆一碗橘红色的茶汤、一碟炒得嫩绿的茶叶和二钵亮晶晶的白米饭。这一别开生面的茶宴，据说是罗浮山慧远法师安排的，是用乌岽顶山民送来的成品茶和青叶为原料做成。正当众人疑惑之时，吴六奇热情地说："今日筵席异常乎？此乃以乌岽顶香茶作为原料的佳肴，比玉液琼浆、燕窝鱼翅、熊掌参茸更为珍贵。昔闻凤凰单丛饮之能延年益寿，今日寺院落成庆典之茶宴，更是令人感到欢乐祥和。因此，敬请诸位共飨之。"说罢，挥手示意僧众、宾客入座。大家按序一一坐下，慢慢地品尝起来。香喷喷的白米饭，芬芳的茶菜，甘甜的茶汤，十分可口，格外新鲜。大家无不称奇赞绝，更有人发出"终生难忘"的感受。

午后，吴六奇告别了僧众和居士人等，带领军士离开太平寺，翻山越岭向饶平县城进发。途中，在茅寺停下来小憩，吴六奇喜气洋洋地说他们跋山涉水已有十里的路程，口里尚留有茶的余香，喉头也有茶的韵味，此茶应该命名为十里香。众人听了，都拍手赞成，说："对，十里香单丛茶！"吴又告诉大家，他已吩咐住持，要众僧在太平寺后的山坡上开山种茶，种上"十里香"单丛，让太平寺的茶香飘溢十里。

清康熙元年（1662年），饶平总兵吴六奇派遣兵士和雇用民工在乌岽山腰开垦茶园，种上"十里香"单丛品种。后来，采制的茶叶不但供给凤凰山太平寺和饶平县衙的人饮用，而且在县城、新丰、内浮山市场销售。康熙四十四年（1705年），饶平县令郭于蕃巡视凤凰山，鼓励山民要大力发展茶叶生产。光绪年间，凤凰人带着乌龙和鸟嘴茶漂洋过海，到中印半岛、南洋群岛开设茶店，进行茶叶的销售活动。从此吴六奇种十里香单丛茶的事在民间传为佳话。

鸭屎香单丛茶

凤凰单丛茶，一个茶种，一个香型，品名繁多，令人眼花缭乱。如姜母香、黄枝香、夜来香、蜜兰香、芝兰香、十里香等等，都是优雅的名字，偏偏有一种香型叫"鸭屎香"，这是怎么回事呢？

当地茶农魏春色介绍，这名丛是祖传的，原丛是从乌岽山引进。"鸭屎香"单丛要种在"鸭屎土"的茶园里，其实就是黄壤土，含有矿物质的白垩。墨绿色的茶叶，长得像鸭脚木的叶子一样。乡里人评价这茶香气浓，韵味好，纷纷问是什么名丛，什么香型。茶农魏春色怕被人偷去，便随口说是"鸭屎香"。但还是有人想办法获得了茶穗进行插枝、嫁枝。结果"鸭屎香"的名字便传开去了，茶苗也在凤凰地区扩种。"鸭屎香"也成为凤凰单丛千变万化香型中奇特而珍贵的一种。

茉 莉 花 茶

您知道茉莉花茶的由来吗？传说是在很早以前由北京茶商陈古秋创制。陈古秋为什么想到要把茉莉花加到茶叶中去呢？其中还有个小故事。

有一年冬天，陈古秋邀来一位品茶大师，研究北方人喜欢喝什么茶。正在品茶评论之时，陈古秋忽然想起有位南方姑娘曾送给他的一包茶叶还未品尝过，便寻出那包茶，请大师品尝。冲泡时，碗盖一打开，先是异香扑鼻，接着在冉冉升起的热气中，看见有一位美貌姑娘，两手捧着一束茉莉花，一会工夫又变成了一团热气。陈古秋不解，就问大师，大师笑着说："陈老弟，你做下好事啦，这乃茶中绝品'报恩仙'，过去只听说过，今日才亲眼所见，这茶是谁送你的？"

陈古秋就讲述了三年前去南方购茶住客店遇见一位孤苦伶仃少女的经历，那少女诉说家中停放着父亲尸身，无钱殡葬，陈古秋深为同情，便取了一些银子给她，并请邻居帮助她搬到亲戚家去。三年过去了，今春又去南方时，客店老板转交给他这一小包茶叶，说是三年前那位少女交送的。当时未冲泡，谁料是珍品，大师说："这茶是珍品，是绝品，制这种茶要耗尽人的精力，这姑娘可能你再也见不到了。"陈古秋说当时问过客店老板，老板说那姑娘已死去一年多了。两人感叹一会，大师忽然说："为什么她独独捧着茉莉花呢?"两人又重复冲泡了一遍，那手捧茉莉花的姑娘又再次出现。陈古秋一边品茶一边悟道："依我之见，这是茶仙提示，茉莉花可以入茶。"次年便将茉莉花加到茶中，果然制出了芬芳诱人的茉莉花茶，深受北方人喜爱，从此便有了一种新茶类，茉莉花茶。

实际上花茶在中国的历史十分悠久，早在宋代已经形成。茉莉花茶更是花茶中最为著名的，不仅风靡中国北方，也香飘世界，民歌《好一朵美丽的茉莉花》几乎成为第二国歌。

藤茶

　　相传在清朝光绪年间，武夷山下有位叫陈子贺的先生在京城担任光绪皇帝的老师。光绪皇帝当时身体较弱，食欲不振、脸色发黄、说话沙哑，脸上还常长红痘和黑斑。皇宫太医开出的处方一般只能维护一段时间，过后又会复发。光绪皇帝又十分怕吃药，故此病令光绪皇帝十分烦恼。

　　那一年，陈子贺回家乡探亲，发现乡亲们经常饮用一种山上采来

光绪皇帝命名"野藤茶"

的野藤叶，人人精神饱满，皮肤光润。陈先生试着品尝了一下，发现此茶饮后先苦后甘，回味甘凉，咽喉很舒服，联想光绪皇帝声音沙哑，于是带了一些回去给光绪皇帝品尝。光绪皇帝试品尝之后感觉味道不错，便经常泡饮。奇怪的是，不到半年时间，光绪皇帝不仅感觉咽喉清爽，而且脸上的红痘、黑斑也逐渐消失，皮肤变得光润起来。于是，光绪十分高兴，便降下圣旨，命它为"天子藤茶"。陈老师闻之急奏请皇上：如皇上降旨命它为"天子藤茶"，那百姓谁还敢喝？还是让它回到百姓之中，造福黎民百姓吧。皇上觉得老师的话有道理，于是就降旨命它为"野藤茶"。

由此，野藤茶便逐渐在武夷山下流传起来，而且流传到南洋一带，至今在东南亚各国仍享有盛誉。由于野藤茶揉制烘干后呈白色，所以，南洋一带又称其为"白茶"。

大家会说这藤茶并不是真正的茶呀！不错，在茶的大家族中有一大类是"非茶之茶"，例如虫屎茶、杭白菊、苦丁茶、昆仑雪菊茶、晓起皇菊茶等。

岳飞茶

相传精忠报国的南宋民族英雄岳飞（1103—1142年）创制过一种神奇的药茶。

南宋初年，岳飞的军队屯兵在湖南湘西一带，将士因为水土不服，纷纷患病，严重影响战斗力。于是岳飞亲自研究，创造出一种饮料，既可以食用、饮用，又能够治病，从此流传于世，造福民间。因为这种茶用茶叶、姜、盐、黄豆、芝麻和水六种物品混合制成，故又称姜盐豆子茶或六合茶。其制法为：先将清水注入瓦罐，入柴灶火灰中烧开，黄豆、芝麻用铁皮小铲炒熟，将洗净老姜在钵背棱上摩擦成姜汁和姜渣备用。接着将茶叶放入瓦罐开水中泡开，然后将盐、姜渣、姜汁倒入罐内搅拌，分倒入茶杯，再将炒熟黄豆、芝麻撒入茶杯，即成。这也就是至今还流行湖南一带的擂茶。

据说这种茶对岳家军防病除疾，颇有成效，立下了大功。后来就成为流行于湖南湘阴、常德、汨罗等地的一种传统民间饮料。

茶禅公案

◎ 附录

南泉普愿禅师

南泉山下有一庵主，人谓曰："近日南泉和尚出世，何不去礼见？"主曰："非但南泉出世，直饶千佛出世，我亦不去。"师闻，乃令赵州去勘。州去便设拜，主不顾。州从西过东，又从东过西，主亦不顾。州曰："草贼大败。"遂拽下帘子，便归举似师。师曰："我从来疑着这汉。"次日，师与沙弥携茶一瓶、盏三只，到庵掷向地上。乃曰："昨日底！昨日底！"主曰："昨日底是甚么？"师于沙弥背上拍一下曰："赚我来！赚我来！"拂袖便回。*

【译文】

南泉山下有个庵主，有人对他说："最近南泉和尚出世，怎么不去拜见？"庵主说："别说是南泉出世，就是千佛出世，我也不去。"普愿听了，就叫赵州和尚去察看。赵州和尚一去就以礼相见，庵主不理睬。赵州和尚便在庵主面前，从西边走到东边，又从东边走到西边，庵主仍不理睬。赵州和尚喊道："草贼大败。"于是拉下帘子，回

---

* 公案原文录自《五灯会元》卷三。

去对普愿禅师汇报了情况。普愿说："我从来就疑心这家伙。"第二天，普愿带着一个沙弥去拜访庵主，他们提着一瓶茶、三只茶杯，到庵里丢在地上。就说："昨天的！昨天的！"庵主莫名其妙，问道："你说昨天的啥事？"普愿就在沙弥背上拍了一下，对他说："骗我们的！骗我们的！"袖子一甩就回去了。

归宗智常禅师

师尝与南泉同行，后忽一日相别，煎茶次，南泉问曰："从来与师兄商量语句，彼此已知。此后或有人问，毕竟事作么生?"师曰："这一片地大好卓庵。"泉曰："卓庵且置，毕竟事作么生?"师乃打翻茶铫，便起。泉曰："师兄吃茶了，普愿未吃茶。"师曰："作这个语话，滴水也难销。"*

【译文】

智常禅师和南泉禅师同行，后来有一天突然要分别，他们煎茶辞别，南泉问道："以前和师兄商量的事，我们彼此之间已清楚。以后若有人问起我们究竟悟什么道，我该怎么回答?"智常禅师却回答说："这一块地很适合修建寺庙。"南泉固执地问："建寺庙的事暂且不讨论，以后若有人问起我们究竟悟什么道，我该怎么回答?"智常禅师一听，就打翻茶铫，站起身来。南泉颇不高兴地说："师兄喝了茶，我还没喝呢。"智常禅师说："竟说出这种话来，一滴水也不配享用。"

---

* 公案原文录自《五灯会元》卷三。

麻谷宝彻禅师

师同南泉二三人去谒径山，路逢一婆。乃问："径山路向甚处去？"婆曰："蓦直去。"师曰："前头水深过得否？"婆曰："不湿脚。"师又问："上岸稻得与么好，下岸稻得与么怯。"婆曰："总被螃蟹吃却也。"师曰："禾好香。"婆曰："没气息。"师又问："婆住在甚处？"婆曰："只在这里。"三人至店，婆煎茶一瓶，携盏三只至，谓曰："和尚有神通者即吃茶。"三人相顾间，婆曰："看老朽自逞神通去也。"于是拈盏倾茶便行。*

【译文】

宝彻禅师同南泉禅师一行二三人去朝拜径山，路上遇到一个老婆婆。于是就问道："到径山该走哪条路？"老婆婆回答说："一直往前走。"禅师又问："前面的小河深不深，能过得去么？"老婆婆回答说："不会湿脚。"禅师问："上岸稻谷怎么长得那么好，下岸稻谷怎么长得那么孬？"老婆婆说："都被螃蟹吃掉了。"禅师喜滋滋地说："禾苗好香。"老婆婆却说："没什么香气。"禅师又问："老婆婆住在什么地

---

* 公案原文录自《五灯会元》卷三。

方?"老婆婆说:"就住在这里。"禅师一行三人到了店里,老婆婆取了一瓶煎茶,拿来茶盏三只,烹好茶后对三人说:"和尚有神通的就吃茶!"三人你看我,我看你,这时老婆婆说:"看老朽自逞神通去了。"于是拿起茶盏斟茶便走。

松山和尚

　　松山和尚同庞居士吃茶。士举槖子曰："人人尽有分，为甚么道不得？"师曰："只为人人尽有，所以道不得。"士曰："阿兄为甚么却道得？"师曰："不可无言也。"士曰："灼然！灼然！"师便吃茶。士曰："阿兄吃茶，为甚么不揖客？"师曰："谁？"士曰："庞公。"师曰："何须更揖。"后丹霞闻，乃曰："若不是松山，几被个老翁惑乱一上。"士闻之，乃传语霞曰："何不会取未举槖子时。"*

【译文】

　　松山和尚与庞居士一同吃茶，居士举起槖子说："人人都有份，为什么说不得？"和尚说："正因为人人都有份，所以不能说。"居士又问："师兄您为什么就说得？"和尚说："总不能不说话吧。"居士说："是这样，是这样。"和尚就吃茶。居士说："师兄吃茶为什么不招呼人？"和尚问："招呼谁？"居士回答说："我庞公呀！"和尚说："何必招呼你呢？"后来丹霞听说了这事，

　　* 公案原文录自《五灯会元》卷三。

就说："如果不是松山，几乎被这老头儿搅糊涂了。"居士听到这话，就让人传话给丹霞说："为什么不在举起橐子之前就领悟这事呢！"

清田和尚

清田和尚与瑶上座煎茶次，师敲绳床三下，瑶亦敲三下。师曰："老僧敲，有个善巧。上座敲，有何道理？"瑶曰："某甲敲，有个方便。和尚敲作么生？"师举起盏子，瑶曰："善知识眼应须恁么。"茶罢，瑶却问："和尚适来举起盏子，竟作么生？"师曰："不可更别有也。"*

【译文】

清田和尚与瑶上座一同煎茶喝，和尚敲了绳床三下，上座也敲了三下。和尚说："老僧敲床，有个善巧；上座敲床，有什么道理呢？"上座说："我敲有个方便，您敲干啥呢？"和尚举起茶盏，上座说："善知识眼睛应该那样。"喝罢茶，上座却又问道："您刚才举起茶盏，究竟是什么意思？"和尚回答说："还会有什么别的意思呢。"

---

* 公案原文录自《五灯会元》卷四。

赵州从谂禅师

师问新到："曾到此间么?"曰："曾到。"师曰："吃茶去。"又问僧,僧曰："不曾到。"师曰："吃茶去。"后院主问曰："为什么曾到也云吃茶去,不曾到也云吃茶去?"师召院主,主应喏。师曰："吃茶去。"*

【译文】

禅师问新来的僧人："你曾到过这里吗?"僧人回答说："曾经来过。"禅师说："吃茶去。"禅师又问另一个僧人是否来过,僧人说："不曾来过。"禅师说："吃茶去。"后来院主问禅师："为什么对来过的人说'吃茶去',对没来过的也说'吃茶去'?"禅师呼唤院主,院主答应,禅师说："吃茶去。"

---

* 公案原文录自《五灯会元》卷四。

马颊本空禅师

马颊山本空禅师，上堂："只这施为动转，还合得本来祖翁么？若合得，十二时中无虚弃底道理？若合不得，吃茶说话往往唤作茶话在。"僧便问："如何免得不成茶话去？"师曰："你识得口也未？"曰："如何是口？"师曰："两片皮也不识。"曰："如何是本来祖翁？"师曰："大众前不要牵爷恃娘。"曰："大众忻然去也。"师曰："你试点大众性看！"僧作礼。师曰："伊往往道一性一切性在。"僧欲进语，师曰："辜负平生行脚眼。"问："去却即今言句，请师直指本来性。"师曰："你迷源来得多少时？"曰："即今蒙和尚指示。"师曰："若指示你，我即迷源。"曰："如何即是？"师示颂曰："心是性体，性是心用。心性一如，谁别谁共？妄外迷源，只者难洞。古今凡圣，如幻如梦。"*

【译文】

马颊山本空禅师上堂说："只这布施动转，可符合祖师本来的意思么？若符合，那十二时辰中没有虚弃的道理吗？若不符合，吃茶说

---

* 公案原文录自《五灯会元》卷五。

话又往往叫做茶话。"僧人问："如何才能避免不叫茶话呢?"禅师问："你认识口吗?"僧人反问了一句："什么是口?"禅师说："你连两片皮也不认识。"僧人问："什么是本来的祖师爷?"禅师说："大众面前不要拉爹靠娘。"僧人说："大众都高兴地离去了。"禅师说："你试着说说大众的性是什么?"僧人作礼,禅师又说："他们常常说一性和一切性。"僧人还想回答,禅师说："你辜负了平生行脚的法眼了。"僧人老想着关于"性"的话头,便说："除去现在的言语文句,请师傅直接地指明啥叫本来之性?"禅师不作回答,却问："你迷失本源已有多久了?"僧人说："现在请师指示。"禅师说："我若给你指示,我就迷失本源了。"僧人不解地说："如何才对呢?"禅师念了一个偈子,云："心是性体,性是心用。心性一如,谁别与共?妄外迷源,只者难洞。古今凡圣,如幻如梦。"

雪峰义存禅师

问：“古人道，路逢达道人，不将语默对。未审将甚么对？”师曰：“吃茶去。”……全坦问：“平田浅草，麈鹿成群，如何射得麈中主？”师唤全坦，坦应诺。师曰：“吃茶去。”*

【译文】

有僧人问义存禅师：“古人告诫我们，若路上遇见悟道的高人，不可用语言相对，不知又该拿什么相对？”禅师说：“吃茶去。”……全坦问义存禅师：“田地很平，草长得也不深，麈鹿成群，如何才能射得领头的麈鹿呢？”师呼唤全坦，全坦应了一声，师说：“吃茶去。”

---

* 公案原文录自《五灯会元》卷七。

金轮可观禅师

（僧）问："从上宗乘，如何为人?"师曰："我今日未吃茶。"*

【译文】

有僧人问可观禅师："从前的宗门教义，如何才能明白地说给学人?"可观禅师说："我今天还没有吃茶。"

---

* 公案原文录自《五灯会元》卷七。

潮山延宗禅师

　　吉州潮山延宗禅师，因资福来谒，师下禅床相接。福问："和尚住此山，得几年也？"师曰："钝鸟栖芦，困鱼止泺。"曰："恁么则真道人也。"师曰："且坐吃茶。"*

【译文】

　　吉州潮山有个延宗禅师。一天，资福禅师来拜访他，他下了禅床前去迎接。资福问："您住此山，有几年了？"禅师说："愚钝的鸟栖息于芦荡，受困的鱼游于水洼。"资福说："真这样则是真正的悟道之人了。"禅师说："请坐，吃茶。"

---

　　* 公案原文录自《五灯会元》卷七。

报恩宝资禅师

（僧）问："如何是具大惭愧底人?"师曰："开取口,合不得。"曰："此人行履如何?"师曰："逢茶即茶,逢饭即饭。"*

【译文】

有僧人问："怎么才是具有大惭愧的人?"宝资禅师说："张开口,合不拢。"僧人问："这样的人该如何行事?"禅师回答说："遇上茶就喝茶,遇上饭就吃饭。"

---

* 公案原文录自《五灯会元》卷八。

龙华彦球禅师

（僧）问："灵山一会，迦叶亲闻。今日一会，何人得闻？"师曰："同我者攀其大节。"曰："灼然俊哉！"师曰："去般水浆茶堂里用去。"*

【译文】

有僧人问："灵山法会，有迦叶亲自听到；今天的法会，谁又听得到？"彦球禅师说："是同我一起手执大节的人。"僧人说："多么辉煌伟大呀！"禅师说："到茶堂里喝茶去吧！"

---

* 公案原文录自《五灯会元》卷八。

闽山令含禅师

　　福州闽山令含禅师，上堂："还恩恩满，赛愿愿圆。"便归方丈。僧问："既到妙峰顶，谁人为伴侣?"师曰："到。"曰："甚么人为伴侣?"师曰："吃茶去。"问："明明不会，乞师指示。"师曰："指示且置，作么生是你明明底事?"曰："学人不会，再乞师指。"师曰："八棒十三。"*

【译文】

　　福州的令含禅师，一次上堂说："还恩则恩情圆满，请神酬愿则愿望实现。"说罢，便回方丈。有僧人问："既然到了妙峰山顶，谁可以做伴侣?"禅师说："到了的人。"僧人又问："谁可以作伴侣?"禅师说："吃茶去。"僧人固执地请问："我明明不能领会，请师指点。"禅师说："这指点暂且不论，说说你究竟明白些什么?"僧人说："学人实在不懂，我再次请师指点。"禅师回答说："八棒一十三。"

---

* 公案原文录自《五灯会元》卷八。

太傅王延彬居士

公到招庆煎茶，朗上座与明招把铫，忽翻茶铫。公问："茶炉下是甚么?"朗曰："捧炉神。"公曰："既是捧炉神，为甚么翻却茶?"朗曰："事官千日，失在一朝。"公拂袖便出。*

【译文】

太傅王延彬居士到招庆佛殿饮茶，煎茶时，由朗上座和明招拿茶铫，忽然弄翻了茶铫。太傅问："茶炉下是什么?"朗上座回答说："是捧炉神。"太傅说："既然是负责捧炉的神，为啥还把茶弄倒了?"朗上座说："长年累月的负责这事，也难免有个闪失。"太傅把袖子一甩走出门去。

---

* 公案原文录自《五灯会元》卷八。

万安清运禅师

问："如何是万安家风？"师曰："苔羹仓米饭。"曰："忽遇上客来，将何只待？"师曰："饭后三巡茶。"*

【译文】

有僧人问："怎么才是万安家风？"清运禅师说："苔羹仓米饭。"僧人问："突然来了客，该怎样接待？"禅师说："饭后上三道茶。"

---

* 公案原文录自《五灯会元》卷八。

沩山灵佑禅师

师摘茶次，谓仰山曰："终日摘茶，只闻子声，不见子形。"仰撼茶树。师曰："子只得其用，不得其体。"仰曰："未审和尚如何？"师良久。仰曰："和尚只得其体，不得其用。"师曰："放子三十棒。"仰曰："和尚棒某甲吃，某甲棒教谁吃？"师曰："放子三十棒。"*

【译文】

一天，灵佑禅师摘茶的时候，对仰山说："整日采茶，只是听见你的声音，却看不见你的模样。"仰山摇动茶树。灵佑禅师说："你只得其用，不得其体。"仰山说："不知师傅又如何？"灵佑禅师沉默了许久。仰山反驳说："师傅只得其体，不得其用。"灵佑禅师说："饶你三十棒。"仰山说："师傅的棒该我挨，我的棒又该谁挨呢？"灵佑禅师又说："饶你三十棒。"

---

* 公案原文录自《五灯会元》卷九。

无著文喜禅师

师直往五台山华严寺，至金刚窟礼谒，遇一老翁牵牛而行，邀师入寺……翁呼童子致茶，并进酥酪。师纳其味，心意豁然。翁拈起玻璃盏，问曰："南方还有这个否？"师曰："无。"翁曰："寻常将甚么吃茶？"师无对。*

【译文】

文喜禅师去五台山华严寺，到金刚窟朝拜，他遇到了一个牵牛的老头，老头邀请禅师进寺坐坐……老头叫侍童上茶，并上一盘乳酪。文喜禅师品其味，顿感心情舒畅。老头拿起玻璃茶盏，问道："南方有这个没有？"禅师回答："没有。"老头问："那你们平日用什么吃茶？"禅师无言以对。

---

* 公案原文录自《五灯会元》卷九。

尧峰颢暹禅师

（苏州尧峰颢暹禅师）闻雷声，示众曰："还闻雷声么？还知起处么？若知起处，便知身命落处。若也不知！所以古人道，不知天地者，刚道有乾坤，不如吃茶去。"*

【译文】

苏州有个尧峰颢暹禅师，听到天空的雷声后对众僧说："听见了雷声么？知道雷声由哪里来的么？知道雷声的来由，就知道自己的生命降落处。你们竟不知道！就如古人所说：不知天地、不知刚道有乾坤的人，不如吃茶去。"

---

* 公案原文录自《五灯会元》卷十。

镇州万寿和尚

师访宝寿，寿坐不起。师展座具，寿下禅床。师却坐，寿骤入方丈，闭却门。知事见师坐不起，曰："请和尚库下吃茶。"师乃归院。*

【译文】

镇州万寿禅师拜访宝寿，宝寿仍端坐着不肯起身。禅师展开坐具，宝寿却下了禅床。禅师却坐上去，宝寿突然走进方丈，并关上门。禅师不介意，仍打坐不起，寺里的知事见状说："请您到库房那里去喝茶。"禅师才回到院子里去。

---

* 公案原文录自《五灯会元》卷十一。

百丈禅师

（上座）又参百丈，茶罢，丈曰："有事相借问得么？"师曰："幸自非言，何须譸譗？"师曰："更请一瓯茶。"丈曰："与么则许借问。"丈曰："收得安南，又忧塞北。"师擘开胸曰："与么不与么？"丈曰："要且难构，要且难构。"师曰："知即得，知即得。"*

【译文】

禅师后来又参见百丈，喝完茶，百丈说："有个问题向您请教，您愿回答么？"禅师说："幸亏我没说什么，为什么要回答您呢？"禅师又说："再请喝一杯茶吧。"百丈说："既这样我便可以请教了。"又说："收复了安南，又担忧塞北。"禅师袒露胸口说："是这样又不这样。"百丈说："要这样就难达到目的，要这样就难达到目的了！"禅师说："知道就是得到，知道就是得到了！"

　＊ 公案原文录自《五灯会元》卷十一。

石霜楚圆禅师

　　服役七年，辞去，依唐明嵩禅师。嵩谓师曰："杨大年内翰知见高，入道稳实，子不可不见。"师乃往见大年。年问曰："对面不相识，千里却同风。"师曰："近奉山门请。"年曰："真个脱空。"师曰："前月离唐明。"年曰："适来悔相问。"师曰："作家。"年便喝。师曰："恰是。"年复喝。师以手划一划。年吐舌曰："真是龙象。"师曰："是何言欤？"年唤客司："点茶来，元来是屋里人。"*

【译文】

　　（在汾阳）服役七年后，楚圆禅师改而跟随唐明嵩禅师。嵩禅师对他说："杨大年内翰才识高深，悟道稳重踏实，您不可不去拜见他。"于是禅师便去拜见杨大年。杨大年问他，说："素昧平生，见面也不认识，虽相隔千里之遥，却是同一作派。"禅师说："近奉嵩禅师的指点，前来请教。"杨大年说："真个脱空。"禅师说："我前月才离开唐明嵩禅师。"大年说："后悔刚才问您。"禅师说："行家。"大年

---

　　*　公案原文录自《五灯会元》卷十二。

于是吆喝。禅师说："就是这样。"大年又吆喝。禅师用手画一画。大年吐着舌头说："真是一个高僧!"禅师说："是什么话呢?"大年呼唤知客司，说："快上茶，原来是同门的人。"

芭蕉谷泉禅师

（倚遇上座）曰：“如何是庵中主?”师曰：“入门须辨取。”
曰：“莫只这便是么?”师曰：“赚却几多人?”曰：“前言何在?”
师曰：“听事不真，唤钟作瓮。”曰：“万法泯时全体现，君臣合
处正中邪去也。”师曰：“驴汉不会便休，乱统作么?”曰：“未审
客来将何只待?”师曰：“云门糊饼赵州茶。”*

【译文】

倚遇上座问芭蕉谷泉禅师：“恐怕您就是吧!?”禅师说：“进门后
要仔仔细细地分辨清楚。”上座说：“恐怕这就是吧!”禅师说：“骗了
很多人了!”上座说：“原来说过的话又在哪里?”禅师说：“原来听人
说的，不一定真实，或许把钟听成了瓮。”上座说：“万法消失的时候
真相全显，君臣默契的时候恰是中了邪。”禅师说：“你这笨汉不懂算
了，不要乱说一通。”上座说：“不知客人来用什么招待?”禅师说：
“云门糊饼赵州茶。”

---

* 公案原文录自《五灯会元》卷十二。

钦山文邃禅师

　　师与岩头、雪峰过江西，一到茶店吃茶次，师曰："不会转身通气者，不得茶吃。"头曰："若恁么我定不得茶吃。"峰曰："某甲亦然。"师曰："这两个老汉，话头也不识。"头曰："甚处去也？"师曰："布袋里老鸦，虽活犹死。"头退后曰："看！看！"师曰："歃公且置，存公作么生？"峰以手画一圆相，师曰："不得不问。"头呵呵曰："太远生。"师曰："有口不得茶吃者多。"*

【译文】

　　文邃禅师和岩头、雪峰禅师经过江西，到一家茶店喝茶，禅师说："不懂转身通气的人不许喝茶。"岩头说："要是这样，我肯定喝不上茶了。"雪峰说："我也一样。"禅师说："这两个老汉连话也不懂。"岩头说："到哪里去？"禅师说："布口袋里的老鸦虽活着，但与死了一个样。"岩头退后说："看！看！"禅师说："公暂且不说，存公怎么样？"雪峰用手画一个圆，禅师说："我还是要问。"岩头呵呵笑着说："太远了。"禅师说："有口而不能喝茶的人多得是！"

＊　公案原文录自《五灯会元》卷十三。

小溪院行传禅师

僧曰："忽遇猛利者，还许也无?"师曰："吃茶去。"*

【译文】

有僧人问："突然遇上凶猛敏捷的恶人，理睬不理睬他?"行传禅师说："吃茶去!"

杭州佛日禅师

来日普请，维那令师送茶。师曰："某甲为佛法来，不为送茶来。"那曰："奉和尚处分。"师曰："和尚尊命即得。"乃将茶去作务处，摇茶瓯作响。山回顾，师曰："醋茶三五碗，意在镢头边。"山曰："瓶有倾茶势，篮中几个瓯？"师曰："瓶有倾茶势，篮中无一瓯。"便行茶，时众皆举目。*

【译文】

过后有一天，僧人都去参加生产劳动，总管叫佛日本空禅师去送茶。本空说："我是来学习佛法的，而不是来送茶的。"总管说："这是夹山禅师的吩咐。"本空说："既是夹山禅师的吩咐，我便送茶去了。"于是将茶送到僧人们干活的地方，把茶瓶摇得哗啦响。夹山回头望他，本空说："醋茶三五碗，送给使镢头的人享用。"夹山说："茶瓶已摆出倒茶的样子，你篮子中有几个茶碗？"本空说："茶瓶已摆出倒茶的样子，但篮子中没一个茶碗。"于是便给僧人们倒茶，大家都抬头望他。

---

* 公案原文录自《五灯会元》卷十三。

明照安禅师

　　洪州百丈明照安禅师，新罗人也。僧问："一藏圆光，如何是体？"师曰："劳汝远来。"曰："莫便是一藏圆光么？"师曰："更吃一碗茶。"*

【译文】

　　洪州百丈山的明照安禅师，是新罗人。有僧人问："若收起佛、菩萨那一片佛光，什么是他的本体？"禅师说："有劳你远道而来。"僧人问："这便是收起那一片佛光么？"禅师说："再喝一碗茶吧。"

---

　　* 公案原文录自《五灯会元》卷十三。

石门筠首座

筠首座者，太原人也。自至石门逾三十年，丛林慕之。有僧请吃茶次，问："如何是首座为人一着子？"师曰："适来犹记得。"曰："即今又如何？"师曰："好生点茶来！"*

【译文】

石门筠首座是太原人。到石门为僧超过三十年了，丛林僧众都仰慕他。有僧人请筠首座吃茶时问道："您教化别人的招数是啥呢？"筠首座说："刚才还记得。"僧人说："现在咋样呢？"筠首座说："好好沏茶吧！"

---

* 公案原文录自《五灯会元》卷十四。

芙蓉道楷禅师

（师）示众曰："……今者辄学古人，为住持体例，与诸人议定，更不下山，不赴斋，不发化主。唯将本院庄课一岁所得，均作三百六十分，日取一分用之，更不随人添减。可以备饭则作饭，作饭不足则作粥，作粥不足则作米汤。新到相见，茶汤而已，更不煎点，唯置一茶堂，自去取用，务要省缘，专一办道。"*

【译文】

道楷禅师指示众僧说："……现在我们效仿古人，制定本寺寺规，与诸位约定：再不下山，不赶斋会，不派人去募捐化缘。只把本院庄课每年的收入，分作三百六十分，每日取一份作寺院的用度，再不随人增减而增减。有条件吃干饭就煮干饭，无条件吃干饭就煮稀粥，无条件煮稀粥就熬米汤。对于来寺僧俗，只用茶汤招待就够了，再不破费搞什么煎点，只设置一个茶堂，让他们自己去取用，务必省俭，把心思用在弘扬佛道上去。"

---

* 公案原文录自《五灯会元》卷十四。

大洪庆显禅师

随州大洪庆显禅师，僧问："须菩提岩中宴坐，帝释雨华。和尚新据洪峰，有何祥瑞?"师曰："铁牛耕破扶桑国，迸出金乌照海门。"曰："未审是何宗旨?"师曰："熨斗煎茶铫不同。"*

【译文】

随州大洪有个庆显禅师，有僧人问他："须菩提于岩洞中坐禅，帝降下吉雨祥花。您新近占据了洪峰，有何祥瑞出现?"禅师说："铁牛耕破扶桑国的沃土，跳出一轮太阳照亮了海门。"僧人说："不明白基本意思是啥。"禅师说："用熨斗与用茶铫子煎茶的味道是不一样的。"

---

* 公案原文录自《五灯会元》卷十四。

法云法秀禅师

僧问："不离生死而得涅槃，不出魔界而入佛界，此理如何?"师曰："赤土茶牛奶。"曰："谢师答话。"师曰："你话头道甚么?"僧拟议，师便喝。*

【译文】

有僧人问："不脱离生死而能进入涅槃境界，不离开魔界而能进入佛界，其中有什么道理?"禅师说："红土、茶和牛奶。"僧人说："谢谢您的回答。"禅师却又问："你刚才问我什么?"僧人正打算重复刚才的问话，禅师就吆喝了一声。

---

* 公案原文录自《五灯会元》卷十六。

雪峰思慧禅师

（雪峰思慧禅师）上堂："一切法无差，云门胡饼赵州茶。黄鹤楼中吹玉笛，江城五月落梅花。惭愧太原孚上座，五更闻鼓角，天晓弄琵琶。"喝一喝。[*]

【译文】

思慧禅师上堂说："一切法都是一样的，云门的糊饼赵州的茶。黄鹤楼中吹玉笛，江城五月落梅花。太原的孚上座真惭愧，五更天听到鼓角响，天亮就拨弄琵琶。"说完吆喝了一声。

---

[*] 公案原文录自《五灯会元》卷十六。

云盖守智禅师

（云盖守智禅师）上堂，举赵州问："僧向甚么处去?"曰："摘茶去。"州曰："闲。"*

【译文】

守智禅师上堂以赵州和尚为例对大家说："赵州曾问一个僧人'你到哪里去'，僧人回答说'摘茶去'，赵州说'闲'。"

衡岳道辩禅师

南岳衡岳寺道辩禅师，僧问："拈槌举拂即且置，和尚如何为人?"师曰："客来须接。"曰："便是为人处也。"师曰："茶澹饭。"僧礼拜，师曰："须知滋味始得。"*

【译文】

有僧人问南岳衡岳寺的道辩禅师说："拿起木槌举起拂子的事姑且不论，请讲讲和尚该如何教化人?"禅师说："客人来了就必须接待客人。"僧人说："就是这样教化人?"禅师继续说："待之以粗茶淡饭。"僧人行礼，禅师说："必须知道那滋味才行。"

法云杲禅师

法云佛照杲禅师，自妙年游方，谒圆通玑禅师……于僧堂点茶，因触茶瓢坠地，见瓢跳，乃得应机三昧。*

【译文】

东京法云寺的佛照杲禅师，从青少年起就开始云游参学，曾去拜见圆通玑禅师……他在僧堂点茶，因为不小心将茶瓢碰落在地，见茶瓢落地后又弹了起来，于是豁然大悟而获禅机三昧。

---

* 公案原文录自《五灯会元》卷十七。

大沩祖璿禅师

潭州大沩祖璿禅师,福州吴氏子。僧问:"如何是沩山家风?"师曰:"竹有上下节,松无今古青。"曰:"未审其中饮啖何物?"师曰:"饥餐相公玉粒饭,渴点神运仓前茶。"*

【译文】

潭州大沩祖璿禅师,福州人,俗姓吴。有僧人问:"怎样才是沩山家风?"禅师说:"竹子总有上下节之分,而松树却没有从古到今都是青的。"僧人曰:"不知能其中能品味到什么东西?"禅师曰:"饿了相公们吃玉粒一样的白米饭,渴了喝神运仓前茶。"

---

* 公案原文录自《五灯会元》卷十八。

兜率慧照禅师

（隆兴府兜率慧照禅师）上堂举拂子曰："端午龙安亦鼓桡，青山云里得逍遥。饥餐渴饮无穷乐，谁爱争先夺锦标。却向干地上划船，高山头起浪。明椎玉鼓，暗展铁旗。一盏菖蒲茶，数个沙糖粽。且移取北郁单越，来与南阎浮提斗额看。"击禅床，下座。*

【译文】

隆兴府的兜率慧照禅师，上堂举起拂子说："端午节龙安也赛龙舟，在青山白云里自在逍遥。饿了吃渴了喝快乐无穷，谁爱争先便可夺得锦标。继而改向陆地上划船，高山上卷起波浪。张扬地敲打玉鼓，暗暗地挥舞指挥旗。享用一杯节日的菖蒲茶和几个沙糖粽子。就移来北郁单越，与南阎浮提斗个高下。"击打禅床，离开座位。

---

* 公案原文录自《五灯会元》卷十八。

信相宗显禅师

(成都府信相宗显正觉禅师)南游至京师,历淮浙,晚见五祖演和尚于海会,出问:"未知关捩子,难过赵州桥。赵州桥即不问,如何是关捩子?"祖曰:"汝且在门外立。"师进步,一踏而退。祖曰:"许多时茶饭,元来也有人知滋味。"*

【译文】

成都府信相宗的显正觉禅师,向南游到了京城,经过淮、浙,后来在海会那个地方见到了五祖演和尚,禅师出来问:"不知关键所在就难过赵州桥,赵州桥且不问,什么是关键所在?"五祖说:"你暂且到门外站着吧!"禅师前进了几步,踏步而退。五祖说:"吃了很多日茶饭,原来也有人吃出了滋味。"

---

*　公案原文录自《五灯会元》卷十八。

天童了朴禅师

（庆元府天童慈航了朴禅师）上堂："牛皮鞔露柱，露柱啾啾叫。灯笼佯不知，虚明还自照。殿脊老鸱吻，闻得呵呵笑。三门侧耳听，就上打之绕。譬如十日菊，开彻阿谁要？呵呵呵！未必秋香一夜衰，熨斗煎茶不同铫。"*

【译文】

庆元府天童慈航了朴禅师上堂说："牛皮蒙住露柱，露柱发出啾啾的叫声。灯笼假装不知道，虚幻的光还自顾照。屋脊立着一只老鸱吻，听到叫喊哈哈笑。寺门侧耳听听，就来回旋转。如同菊花盛开十日后，花败了有谁要？哎呀呀！难道秋菊的香味会一夜衰败，熨斗煎出的茶味哪能同茶铫煎出的茶味相比！"

---

* 公案原文录自《五灯会元》卷十八。

349

西岩宗回禅师

南剑州西岩宗回禅师，鹜州人也。久依无示，深得法忍。因寺僧以茶禁闻有司，吏捕知事，师谓众曰："此事不直之，则罪坐于我。若自直，彼复得罪，不忍为也。"令击鼓升座，说偈曰："县吏追呼不暂停，争如长往事分明。从前有个无生曲，且喜今朝调已成。"言讫而逝。*

【译文】

南剑州西岩宗回禅师，鹜州人。长久跟随无示，深得佛教的"忍"之法。因寺里一位僧人违犯了朝廷的禁茶法规，官吏就来追捕寺里的知事。禅师对大家说："这事不说清楚，则罪名会加于我的头上；若自辩，他人又会获罪；我不忍心这样做。"于是令击鼓上堂，念了一个偈子，是："县吏追呼不暂停，争如长往事分明。从前有个无生曲，且喜今朝调已成。"说罢便圆寂了。

---

* 公案原文录自《五灯会元》卷十八。

五祖法演禅师

（蕲州五祖法演禅师）示众曰："十方诸佛，六代祖师，天下善知识，皆同这个舌头。若识得这个舌头，始解大脱空，便道山河大地是佛，草木丛林是佛。若也未识得这个舌头，只成小脱空。自谩去，明朝后日，大有事在。五祖恁么说话，还有实头处也无？"自云："有。如何是实头处？归堂吃茶去。"*

【译文】

蕲州五祖法演禅师开示僧众说："十方众佛，六代的祖师，以及天下德行好、见识广的人，都凭据这个舌头说话。若了解这个舌头，便理解了大脱空的含义，便知道山河大地是佛，草木丛林是佛。若不了解这个舌头，便只能到小脱空。你们各自随便去吧，明天后天还有许多的事要做。我五祖法演这样说话有点不着边儿，还有没有实在的地方？"他又自语道："有。怎样是实在的地方？那就是回到堂上去喝茶。"

---

* 公案原文录自《五灯会元》卷十九。

灵隐慧远禅师

（临安府灵隐慧远佛海禅师）上堂："新岁有来由，烹茶上酒楼。一双为两脚，半个有三头。突出神难辨，相逢鬼见愁。倒吹无孔笛，促拍舞凉州。咄！"*

【译文】

临安府灵隐慧远佛海禅师上堂说："新年到来有来由，烹煮茶就请上酒楼。一双就是两只脚，半个却有三个头。突然出怪事神仙也糊涂，鬼怪也发愁。倒吹无孔的笛子，快节奏地伴着《凉州曲》跳舞。咄！"

---

* 公案原文录自《五灯会元》卷十九。

华藏宗演禅师

（常州华藏遁庵宗演禅师）腊旦，上堂："一九与二九，相逢不出手。世间出世间，无剩亦无少。"遂出手曰："华藏不惜性命，为诸人出手去也。劈面三拳，拦腮一掌，灵利衲僧，自知痛痒。且转身一句作么生道？巡堂吃茶去。"*

【译文】

常州华藏遁庵的宗演禅师在年终祭典时上堂说："一九与二九，相逢不出手。入世或出世，不多也不少。"遂伸出手说："我华藏不珍惜生命，为诸位出手了！劈面打三拳，朝腮帮击一掌，我不是拙笨的和尚，自然知道痛痒。退转一步该怎么说？巡视法堂然后吃茶去。"

＊ 公案原文录自《五灯会元》卷二十。

梦中思饮茶

《五灯会元》卷九记载：

（沩山）师起曰："我适来得一梦，你试为我原看。"（仰山）取一盆水，与师洗面。少顷，香严亦来问讯。师曰："我适来得一梦，寂子为我原了，汝更与我原看。"严乃点一碗茶来。师曰："二子见解，过于鹙子。"

宋代黄庭坚《提默轩和遵老》诗即用上典云："松风佳客共，茶梦小僧圆。"

废教不废茶

　　《丹霞子淳禅师语录》卷下《颂古一〇一首》（之四二）序云："涌泉欣禅师因唐武宗废教，在院看牛。时有强、德二禅客到，于路见师骑牛不识。乃云：'蹄角甚分明，争奈骑着不识？'师骤牛而去。二禅客相次憩于树下煎茶。师回，下牛近前问讯，与坐吃茶。师乃问二禅客：'近离甚处？'云：'那边。'师曰：'那边事作么生？'禅客提起茶盏。师曰：'此犹是这边，那边事作么生？'二人无对。师曰：'莫道骑牛者不识好。'颂曰：'芳草漫漫岂变秋，牧童白牯恣优游。异中有路人难见，却谓骑牛不识牛。'"

这一佛门故事，体现了禅家机锋，与"赵州茶"实有异曲同工之妙。也许可对"对牛弹琴"一词做出新解，体现了欣禅师的大智若愚和二禅客的愚蠢。唐武宗在位时（841—846年），是我国历史上著名的"三武灭佛"之际，佛徒即使处于灭顶之灾时，仍不忘煎茶、吃茶。可见在晚唐饮茶已蔚为时尚，寺院佛徒尤其如此。